화학의 거장이 들려주는 진짜! 화학 수업

진정일의 화학 카페

진정일의 화학 카페

화학의 거장이 들려주는
진짜! 화학 수업

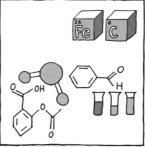

차례

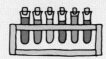

서문

우리 곁에는 언제나 화학이 있었다

　이 책은 비교적 오랫동안 한국화학관련학회연합회의 소식지인 '화학연합'에 올린 글들을 모아 정리한 산물이다. 1년에 2~3편 정도의 원고가 모여 이제 제법 두툼한 책으로 세상에 나오니 반가울 따름이다. 옛글들을 다시 만나니 '내가 이런 이야기를 썼던가?' 하는 신기한 경험도 하게 된다.

　화학은 우리 일상과 매우 밀접하게 관련되어 있어서 화학 관련 글을 집필하고자 할 때는 그 주제가 다양할 수밖에 없다. 이 책은 눈물과 분노처럼 우리 삶과 연결되어 있는 일상 속 화학 이야기를 시작으로 독성 물질과 미라, 과학자들의 오판과 편견을 다룬 신비하고 놀라운 화학 이야기, 역사 속 유명한 화학자들의 이야기, 지속 가능한 삶을 누릴 수 있기 위해 필요한 미래에 관한 화학 이야기까지 담고 있다. 그래서인지

이 책에 쓴 글들은 마치 한적한 카페에 앉아 친구들과 나눈 담소를 모아놓은 느낌이다. 또한 저자로서 이 책에 대해 느끼는 자부심은 여기에 모은 글들은 다른 곳에서 쉽게 만날 수 없다는 사실이다. 원고를 쓸 때마다 기나긴 역사와 수많은 자료를 살펴보고, 내 지식을 더해 더욱 쉽게 정리하려고 노력했다.

이 책에 있는 다채롭고 흥미로운 이야기들을 만나다 보면 숨겨진 화학 세포가 깨어나 화학을 어렵게만 받아들였던 독자들도 화학을 쉽게 이해할 수 있을 것이다. 세상의 모든 곳에, 과거와 현재 그리고 미래까지 연결되어 있는 화학을 만나 화학의 매력에 푹 빠져보길 바란다. 이 마음이 독자들에게도 전해질 수 있기를 바란다.

끝으로 이 책을 출간해 주신 리스컴 출판사의 이진희 대표와 편집을 위해 힘써준 김소연 편집장, 홍다예 편집자에게 깊은 감사를 전한다.

2024년 9월

진 정 일

· 1장 ·

일상에 스며든
화학

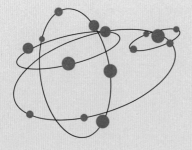

우리는 분노를 다스릴 수 있을까?

억울하고 원통할 때 우리는 분하거나 화난다고 표현한다. 분하다고 할 때 한자로는 忿(성낼 분) 또는 憤(분할 분)을 쓴다. 心(마음 심)과 分(나눌 분)이 결합된 忿은 마음이 찢기는 감정을 나타내는 것이고, 憤은 心과 '끓어오르다'라는 뜻을 가진 賁(클 분)이 합쳐져 화가 치미는 상태를 의미한다. 순우리말에 '성나다'와 '성내다'라는 표현이 있다. 이때 '성'은 불쾌한 충동으로 왈칵 치미는 노여운 감정이라는 의미를 지닌다.

우리는 말도 안 되는 상황에 처하거나 언어적 공격을 받을 때 분노의 감정에 휩싸인다. 분노를 느낄 때 우리 몸에서는 어떤 화학반응이 일어날까? 분노를 유발하는 화학물질이라도 배출되는 것일까? 흔히 희로애락의 감정에 뇌가 관여한다고 하는데 분노할 때 뇌는 어떤 역할을 할까? 분노와 스트레스에 작용하는 화학은 다를까? 여러 가지 의문이 꼬리에 꼬리를 문다. 지금부터 그동안 밝혀진 분노 화학의 문을 두드려 보자.

분노는 왜 발생할까?

화가 몹시 날 때 느껴지는 우리 몸의 변화는 대략 다음과 같다.

+ **혈압이 증가하고 심장이 두근거린다.**
+ **몸이 후끈 달아오르고 진땀이 난다.**
+ **눈동자가 커지면서 시야가 아득해진다.**
+ **주먹이 불끈 쥐어지거나 상황을 벗어나고 싶은 충동을 느낀다.**

이런 생리적 감응을 '투쟁-도피 반응'이라고 부른다. 가슴근육이 죄어들고, 혈관이 수축하고, 호흡이 가빠짐을 동시에 경험하는 이런 심신의 반응은 우리가 무언가를 몹시 두려워할 때 나타나는 증상과 같다.

인간의 모든 행동은 접근하거나 피하려는 두 가지 선택 중 하나를 택해 따르는데, 이는 좋아하거나 싫어하는 두 가지 기본적 감정에 의존한다. 분노는 자신이 공격을 받거나 혹은 하찮게 취급되거나 거절당했다는 심리적 해석에 기반을 둔다. 또한 우리가 부당하다고 여기는 일을 경험할 때 그것에 대항하려는 자연적인 반응이다. 이런 작용은 불쾌한 자극에 대해 불쾌하게 대응하는 일종의 피드백 메커니즘으로, 특정 자극은 받아들이지 않겠다는 의지의 표현이기도 하다.

분노와 관련된 일화가 있다. 그리스의 시인인 호머Homer가 낚시를 마치고 빈손으로 돌아온 아들의 아리송한 말을 듣고 몹시 화가 난 나머지 밤새워 고민하다가 자신의 우둔함에 실망해 그만 자살했다는 웃지 못할 이야기다.

"아버지! 물고기를 많이 잡았어요."

"어디 좀 볼까?"

"잡은 물고기들은 다 놓아주었는걸요. 놓친 것들만 가지고 왔어요."

분노 시 나타나는 일반적인 심신의 변화와 달리 분노 표출의 양상은 개인에 따라 크게 차이가 난다. 분노하면 얼굴이 붉어지는 사람이 있는가 하면, 오히려 창백해지는 사람도 있다. 일반적으로는 자제력을 잃고 음성이 변하며 말을 더듬거나 의사 표현이 공격적으로 변한다. 시야가 흐려져 눈을 비비거나 표정을 찡그리기도 하고, 입을 평소보다 굳게 다물거나 삐죽거린다. 바닥을 쿵쿵거리며 걷는 등 행동도 거칠어진다.

심신의학에서는 질병을 치료할 때 심리적인 원인과 신체적인 원인을 분리하지 않고 종합적으로 살핀다. 심신의학의 개척자로 인정받는 월터 캐넌은 하버드대학교 의학과의 생리학과장이었다. 그는 1932년에 동물들이 고통, 두려움, 분노를 느낄 때 보여주는 신체적 반응을 '싸우거나 도망치기(fight or flight)'로 표현해 유명해졌다. 캐넌 박사는 분

싸우거나 도망치기

노의 증상을 종합해 다음과 같이 요약했다. 숨이 거칠어지고 심장박동 수가 증가하며 혈압이 높아진다. 혈액이 심장, 신경조직 및 근육으로 빨리 흐르며, 소화기관의 운동이 현저히 감소한다. 간에 저장되어 있던 당분이 몸에 공급되고, 혈액 속의 아드레날린이 증가한다.

우리 몸속의 복잡한 분노 공장

분노를 느낄 때 신체에 어떤 증상이 나타나는지는 살면서 많이 경험 했을 것이다. 중요한 점은 이런 증상이 감정적 경험과 심리적 변화에만 그치지 않고, 우리 뇌에 영향을 미쳐 신체적 반응을 이끄는 여러 가지 물질을 방출시킨다는 것이다. 지금부터는 분노에 관여하는 화합물들에 관해 살펴보겠다.

분노를 느끼는 동안 우리의 뇌는 부신에게 아드레날린과 노르아드레날린이라는 호르몬의 생산량을 늘리도록 명령한다. 아드레날린은 다음과 같은 신체적 증상을 유발한다.

+ **혈압 상승**
+ **심장박동 증가**
+ **눈동자 확장**
+ **발한**
+ **근육조직에 혈액 공급 증가**

이런 신체적 반응은 분노를 느낄 때뿐만이 아니라 스트레스를 받을 때도 나타난다. 아드레날린은 간에 저장된 글리코겐을 포도당으로 전환해 혈류와 근육에 빠르게 공급함으로써 신체 에너지를 증가시킨다. 이 과정에서 필요한 산소량이 증가해 자연히 호흡은 빨라진다. 호흡이 빨라지면 외부로부터 병원균이 침입할 위험이 증가하는데, 이를 막기 위해 우리 몸은 히스타민을 대거 방출하기도 한다. 즉 아드레날린은 상황 판단과 그에 대한 반응을 촉발한다.

노르아드레날린은 신속한 행동에 관여한다. 분노가 넘칠 때 순간적으로 공격적 행동을 유발하는 물질로도 알려졌다. 노르아드레날린의 분비는 다음과 같은 생리 현상을 유발한다.

+ 혈관의 축소

+ 심장근육의 축소

+ 폐의 확장

이 호르몬은 분노와 보복을 통해 심리적 또는 신체적 공격으로부터 자기 자신을 보호하려는 의지와 힘을 만든다. 노르아드레날린의 화학 구조는 아드레날린에 메틸기CH_3 하나가 없다는 점만 제외하면 아드레날린과 동일하다.

분노와 관계가 깊은 또 다른 물질은 세로토닌이다. 이 화합물은 신경 전달물질의 하나로 위장관, 혈소판, 중추신경계에서 발견된다. 세로토닌은 호르몬이 아님에도 종종 '행복 호르몬'으로 불린다. 체내 세로토닌의 90%는 소화관의 기저과립세포에 있으며 내장 운동에 관여한다. 분노에 차 있으면 소화 기능이 떨어지는 이유도 세로토닌 분비가 감소하기 때문이다. 나머지 10%는 중추신경계의 신경 단위인 뉴런에서 합성되며 기분, 식욕, 수면을 조절한다. 세로토닌은 기억이나 학습 등 인지 능력에도 관여한다. 또 신경세포의 자극 전달부인 시냅스 내 세로토닌 수치가 항우울에 영향을 준다고 알려져 있다.

미국 일리노이대학교 의학과 연구에 따르면, 세로토닌이 정상보다 낮게 분비되는 아이가 그렇지 않은 아이보다 공격적이고 파괴적인 성향을 보인다고 한다. 또 다른 실험으로, 영국 케임브리지대학교의 연구원이 세로토닌의 기초 성분인 트립토판을 제거한 식사를 참가자들에게 제공해 관찰한 적이 있는데 결과는 유사했다. 이들은 분노를 조절하는 전두엽 피질의 능력이 감소했다. 즉 세로토닌의 분비가 줄어들면 우리 뇌가 분노에 저항하는 힘이 약해진다.

분노의 화학은 여전히 많은 연구 거리를 제공하고 있지만, 현재까지 알려진 사실만으로도 우리 인체가 복잡한 화학 공장임을 잘 알 수 있다.

뇌의 편도체와 분노의 화학

뇌는 우리 몸의 사령탑으로 모든 감정적 스트레스를 다룬다. 수백만 개의 신경섬유가 신체 모든 기관에 다양한 화합물을 공급하며 체내 화학반응을 제어한다. 정서적 혼란은 정상적인 화학반응을 방해해 불쾌함과 질병을 불러온다. 감정의 조절, 분노에 찬 공격성, 공포의 기억, 불안증을 이야기할 때 흔히 뇌의 편도체amygdala가 중심 역할을 한다고 알려져 있다.

편도체는 대뇌 변연계 내 깊숙이 위치한 해마 끝에 붙어있는 작은 부분으로 뇌 좌우에 하나씩 존재한다. 모양은 복숭아씨를 닮았는데, 실제로 편도체의 이름은 복숭아씨almond를 뜻하는 라틴어에서 유래했다. 편도체는 정서적 기억의 저장, 회상, 반응에 깊이 관여한다. 우리가 느끼는 두려움은 이곳을 통해 뇌의 여러 부분에 전달되어 투쟁-도피 반응이 유발된다. 편도체는 10개 이상의 핵으로 이루어져 있으며 크게 기저외측핵, 피질내측핵, 중심핵으로 나눌 수 있다. 기저외측핵은 신체 감각기관을 통해 들어온 정보를 대뇌피질로 투사해 정서적 경험을 만들고, 피질내측핵은 후각 신호를 받아들인다. 중심핵은 감각 신호를 자율신경계로 전달하는데, 항상성 유지의 중추적 역할을 담당하는 시상하부에 이 신호가 도달하면 스트레스 호르몬이 분비되는 등 생리적 반응이 일어난다.

편도체가 손상을 입으면 정서적 정보처리에 문제가 생겨 공포에 대한 반응이 줄어듦으로써 공격성과 학습 능력이 떨어진다. 실제로 편도체가 파괴된 쥐는 고양이를 무서워하지 않게 된다. 즉 편도체는 공포나 분노와 관련된 기억에 관여한다. 두려움을 느꼈던 과거의 기억이 편도체의 중심핵으로부터 전달돼 자율신경계를 자극하거나 뇌간을 통해 거부성 행동으로 나타나는 것이다. 이외에 편도체의 기저외측핵 신경세포가 불안증을 조절한다는 보고도 있다.

우리 몸은 분노를 느끼게 하는 화학작용과 분노를 잠재우게 하는 장치를 동시에 지니고 있다. 이와 관련하여 하버드대학교의 다린 도거티 교수팀은 재미난 연구 결과를 발표했다. 분노를 느끼면 논리적 판단을 담당하는 뇌 영역인 안와전두피질에 혈류가 증가한다. 이렇게 되면 분노의 감정이 누그러지는데, 동시에 편도체에도 혈류가 증가해 분노와 경계심이 증가한다는 것이다. 이 두 역행적 현상은 우리가 분개함과 자중할 수 있는 능력을 동시에 갖추고 있음을 보여준다.

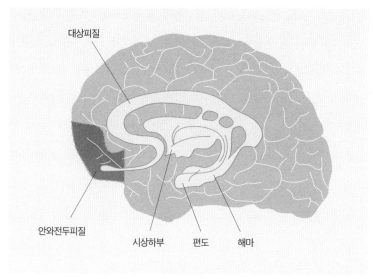

안와전두피질

스트레스 호르몬의 대명사

분노를 느낄 때 생기는 우리 몸의 변화는 스트레스를 느낄 때의 변화와 매우 유사하다. 아드레날린, 노르아드레날린, 코르티솔을 흔히 3대 스트레스 호르몬이라 부른다. 이 중 코르티솔은 아드레날린과 노르아드레날린처럼 부신에서 생산되는 호르몬으로, 스트레스 호르몬의 대명사로 여겨진다.

코르티솔은 스테로이드 호르몬류에 속하는데, 두 가지의 호르몬이 관여하기 때문에 상대적으로 생산 속도가 느리다. 먼저 편도체가 인지한 위협이나 스트레스 신호가 시상하부에 전달되면 코르티코트로핀 방출 호르몬CRH이 만들어진다. 그러면 이 호르몬은 뇌하수체를 자극해 부신피질 자극 호르몬ACTH을 방출하도록 하고, 결과적으로 ACTH는 부신에서 코르티솔이 생산되게 한다. 코르티솔은 혈압, 성욕, 면역력, 소화, 성장에도 관여한다. 스트레스를 느끼면 체내에 코르티솔이 늘어나 혈압과 혈당을 증가시키고, 면역계 약화, 성욕 감퇴, 여드름, 비만 등의 원인이 되기도 한다.

분노와 스트레스로 죽을 수도 있다?

우리가 만나는 사람 중에는 특별히 다혈질이며 화를 잘 내는 성격의 소유자들이 있다. 사실 지금까지 언급한 여러 화합물의 생성은 어느 정도 만성적 특성을 보인다. 따라서 쉽게 분노하는 성격은 일종의 습관적인 것으로 볼 수 있다.

분노는 그 대상보다 분노하는 당사자가 더 힘들 수 있다. 분노에 의한 생리적 반응은 생명에 치명적일 수 있기 때문이다. 그중 가장 무서운 것은 심장마비와 중풍이다. 심리학자 존 헌터는 '나를 화나게 만드는 악당이 내 목숨을 앗아갈 거야'라고 말하곤 했다. 그로부터 얼마 후 어느 학술대회 연설자가 헌터를 매우 격분시키는 발언을 했는데, 이를 들은 헌터가 극심한 분노로 심장마비를 일으켜 사망했다는 일화가 전해진다.

강한 분노는 뇌동맥을 파열시켜 뇌졸중을 일으킨다. 분노로 뻣뻣해진 목과 머리 근육의 경련은 강한 두통은 물론 불면증도 유발한다. 그뿐이 아니다. 분노는 스트레스를 불러와 위산 분비를 촉진해 십이지장 궤양의 원인이 되고 배변 장애를 일으키기도 한다. 쉽게 분노하는 사람들은 장기간의 호르몬 불균형 때문에 면역력이 약해지고 감기, 독감, 천식에 잘 걸리며 피부 감염이나 신경통을 겪는다. 또 화를 가라앉히기 위해 과식을 하거나 흡연과 음주를 일삼다가 우울증에 걸리기도 한다.

교감신경계를 지나치게 활성화하는 빈도가 잦아지면 평온을 되찾기 힘들어지고, 심장 질환을 유발하거나 신경계를 피로하게 만든다. 스트레스 호르몬 코르티솔이 체내에서 장기간 과다 생산되면 복부 비만이 생기고 뼈와 근육의 양이 줄어들며 기억력과 학습력 감퇴가 일어난다. 가장 무서운 사실은 분노가 뇌세포를 파괴한다는 것이다.

우리가 살아가는 동안 분노에서 100% 자유로울 수는 없다. 일부에서는 알맞은 스트레스와 분노가 오히려 활력을 준다고 하는데, 이는 지금까지 언급한 여러 화합물이 체내에 활발하게 생산되기 때문이다. 그러나 이들이 과다하게 생산되면 여러 가지 신체적·정신적 질병을 유발하고 대인관계를 해치므로, 우리에게는 분노와 화를 다스릴 줄 아는 수련이 필요하다.

눈물에 담긴 화학의 비밀

눈물로 호소하는 여성 앞에서 꼼짝 못 하고 백기를 드는 남성은 무엇에 이끌려 그렇게 행동할까? 주먹을 불끈 쥐고 눈물로 맹세하는 사람은 왜 더 큰 공감을 불러일으킬까? 슬플 때 나오는 눈물과 기쁠 때 흐르는 눈물에는 무슨 차이가 있을까? 눈물에 포함된 화합물은 무엇이며 어떤 역할을 할까? 왜 동물 중에서 인간만이 정서적 스트레스를 느끼면 눈물을 흘릴까? 이처럼 눈물에 대한 의문은 끝이 없다.

미국의 사진작가 로즈 린 피셔는 '눈물의 지형학Topography of Tears'이라는 프로젝트로 유명하다. 피셔는 현미경으로 확대한 눈물 사진 100장을 세계 여러 곳에 전시했다. 그녀는 100가지 종류의 눈물을 슬라이드 상에서 건조한 후 현미경으로 관찰한 결과 눈물의 모양이 종류에 따라 제각기 다르다는 점을 발견했다. 그녀는 눈이 건조하지 않고 윤활하도

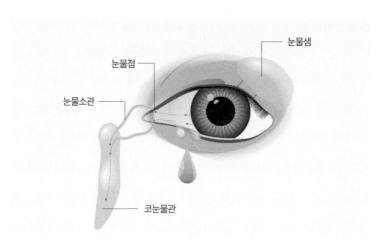

눈물샘

눈물점

눈물소관

코눈물관

눈물샘의 구조

록 우리 몸이 분비하는 일반 눈물과 양파를 다질 때 나오는 눈물이 다름을 알아냈다. 그뿐만 아니라 웃을 때 흘리는 눈물과 슬플 때 나오는 눈물이 완전히 다르다는 사실도 발견했다. 피셔가 눈물의 모양에 차이가 나는 이유를 과학적으로 밝히지는 않았으나, 그녀의 작품은 눈물의 종류와 생성 메커니즘에 의문을 지녀온 과학자들에게 신선한 충격을 안겨 주었다.

눈물기관의 형태

눈물을 만들어 분비하고 이를 배출하는 눈물기관은 눈물샘과 눈물

배출기관으로 나뉜다. 눈물샘은 주눈물샘과 덧눈물샘으로 구분되는
데, 주눈물샘은 안와 위벽 가장자리 쪽에 움푹 팬 눈물샘오목에 위치한
다. 덧눈물샘은 눈꺼풀판의 경계를 따라 결막에 위치한 볼프링샘과 상
하 결막 구석에 있는 크라우제샘으로 되어있다. 눈물 배출기관은 눈물
점, 눈물소관, 눈물주머니, 코눈물관으로 구성되며, 아래콧길의 바깥벽
과 연결되어 있다. 주눈물샘과 덧눈물샘에서 분비되는 눈물은 눈물점,
눈물소관, 눈물주머니, 코눈물관을 거쳐 아래콧길로 배출된다.

　눈물은 여러 가지 기능을 지닌 매우 중요한 분비물이다. 눈물의 주요
역할은 다음과 같다.

+ 눈꺼풀의 깜빡임을 원활히 해주는 윤활유

+ 결막과 각막을 적셔 각막이 렌즈의 기능을 하도록 도움

+ 각막의 대사물질을 체외로 내보내는 세척 기능

+ 대기 중 산소를 흡수해 각막의 대사작용을 도움

+ 각막에 포도당 영양분을 공급

+ 눈물 속에 들어있는 성분들의 면역 및 멸균 기능

+ 비강에 습기를 제공

　그렇다면 눈물은 언제 분비될까? 눈물은 물리적 자극을 받았을 때 눈
을 보호할 목적으로 난다. 가령 이물질이 눈에 들어오면 이를 외부로
내보내기 위해 눈물이 나며, 강한 빛이 눈을 자극해도 눈의 보호를 위

해 눈물이 분비된다. 정신적 보호를 위해서도 눈물이 나는데 기쁘거나 슬플 때 흘리는 눈물이 대표적 예다. 큰 웃음, 하품, 기침, 구토 시에도 눈물이 분비된다. 눈물의 양이 많을 때는 눈물이 눈꺼풀 밖으로 흘러나오고 나머지는 눈물점, 눈물주머니, 비루관을 거쳐 비강으로 흘러 들어간다. 비강을 통해 코로 눈물이 흘러나오면 콧물이 된다.

각막을 보호하는 눈물층은 기름층, 수분층, 점액층으로 구성된다. 가장 바깥의 기름층은 각막과 눈꺼풀 사이의 마찰을 막고 눈물의 표면을 고르게 함과 동시에 눈물의 증발을 막는다. 가운데의 수분층은 세 층 중 가장 두꺼운 층으로, 산소와 영양분을 각막에 공급하고 배수 작용을 담당한다. 가장 안쪽에 있는 점액층은 불규칙한 각막 상피를 매끄럽게 하며 눈물이 각막에 머물도록 돕는다.

눈물이 나는 상황에 따라 눈물의 조성이 변한다는 사실이 밝혀지면서 눈물의 생리학과 심리학에 관심이 높아지고 있다. 그렇다면 눈물에는 어떤 화합물이 들어있을까? 사람의 눈물은 약 98%가 물이며, 0.4%는 면역 기능을 지닌 감마글로불린과 강한 항균 작용을 하는 라이소자임, 베타리신이 포함된 단백질로 구성되어 있다. 그 밖에 염화나트륨, 탄산나트륨, 인산염, 지방, 요소, 포도당, 칼륨, 칼슘, 망간, 비타민C도 포함되어 있다.

눈물과 행복의 상관관계

포유류 중 인간만이 정서적 스트레스를 받을 때 눈물을 흘린다. 다른 동물들과는 달리 사람들은 여러 가지 정서적 환경에 의해 눈물을 흘릴 뿐만 아니라, 각 눈물 속에 들어있는 성분도 차이가 난다.

미국 세인트폴-램지 의료센터의 정신과 연구실 소속인 윌리엄 프레이 박사는 1980년대 초 심리적 스트레스를 받을 때 나오는 눈물의 생리학 연구를 수행했다. 그는 호흡하기, 용변 보기, 땀 흘리기처럼 눈물을 흘리는 현상은 체내에 축적된 독성물질을 체외로 배출하는 외분비 과정 중 한 가지에 지나지 않는다고 주장했다. 프레이 박사는 슬플 때 흘리는 눈물에 카테콜아민이 다량 함유되어 있음을 발견했다. 부신수질 호르몬인 카테콜아민은 신경전달물질로서 체내에 과다하게 축적되면 면역력이 감소하고 고혈압을 유발한다고 알려져 있다. 프레이 박사에 따르면 인간의 눈물은 카테콜아민을 자연스럽게 체외로 배출시키는 자기방어 수단에 불과하다. 우리는 종종 '실컷 울고 나니 기분이 좋아졌다.'라는 이야기를 듣는다. 이건 어떻게 설명할까? 이에 대해 프레이 박사는 눈물에 혈액보다 30배나 많은 망간이 들어있기 때문이라고 보았다. 망간은 기분을 바꾸는 화합물이다. 즉, 우리가 우울하거나 화가 날 때 눈물을 흘리면 망간이 배출되면서 스트레스가 줄어들고 행복감이 솟아난다. 그동안 프레이 박사가 눈물에 관한 연구에서 발견한 흥미로운 결과는 다음과 같다.

+ 여자가 남자보다 5배 정도 자주 눈물을 흘린다.

+ 자주 우는 행동은 유전과 무관하며 우는 빈도는 환경의 영향을 받는다.

+ 눈물을 유발하는 정서는 약 50%가 슬픔이며, 행복은 20%, 분노 10%, 동정심 7%, 걱정 5%, 두려움이 3%를 차지한다.

+ 여성의 85%, 남성의 73%가 울고 난 후에 기분이 더 좋아졌다고 답했다.

눈물이 주변 사람들과의 관계 개선에 도움이 된다고 믿는 사람들이 많다. 왜 그럴까? 진화심리학자들의 주장에 귀 기울여보자. 눈물은 확실히 사랑과 우정을 강화하고 유대감과 친밀감을 높이는 데 효과가 있다. 눈물이 상대방에 대한 동정, 연민, 지지 등의 표현이거나 감정을 자극하는 진화적 반응이기 때문이다. 단, 아무런 이유 없이 지나치게 자주 우는 경우는 건강학적으로 루게릭병이나 다중 뇌졸중 등 두뇌 손상의 징후일 수 있다.

눈물과 매력의 상관관계

〈사이언스타임즈〉에 '이성을 유혹하는 눈물의 과학'이라는 제목으로 재미난 기사가 실렸다. 이 기사에서는 제목과 관련된 학술논문의 내용을 짧게나마 소개하고 있다. 사실 눈물의 생리적·심리적 영향을 명쾌하게 밝혀내기는 쉬운 일은 아니다.

2008년에 발표된 학술지 〈바이오케미스트리〉에 따르면 눈물에서 무려 80가지의 단백질과 폴리펩티드가 검출됐다고 한다. 이들의 절반은 효소였는데 소량씩만 들어있기 때문에 각 성분이 서로에게 어떤 영향을 미치는지는 알 수 없다. 그에 비해 콘택트렌즈에 침착하는 눈물의 성분에 관한 자료는 많이 축적되어 있다. 호주의 골딩 박사는 건조한 눈물을 X-선 회절법과 전자현미경을 통해 분석했다. 그 결과 눈물의 고체 결정성 물질은 염화나트륨과 염화칼륨이 주성분이며, 단백질과 점액 일부가 무기결정을 코팅하고 있음을 알아냈다.

눈물의 물리·화학적 연구보다 생리적, 특히 심리적 연구 결과는 아직 혼란스러운 면이 있다. 2010년에 일본 과학자들은 〈네이처〉에 생쥐를 이용한 재미난 실험 결과를 발표했다. 그들은 수컷 쥐의 눈물 속에서 발견된 'ESP1(외분비샘 분비 펩티드1)'이라는 페로몬에 주목했다. 수컷 쥐들이 눈이 마르지 않도록 수시로 흘리는 눈물에는 ESP1이 들어 있다. 연구자들은 수컷 쥐의 눈물을 채취한 후 암컷 쥐들이 이 눈물에 어떻게 반응하는지 살펴보았다. 놀랍게도 암컷 쥐들은 수컷 쥐의 눈물이 있는 곳에 자주 접근할 뿐 아니라 여러 가지 행동으로 수컷 쥐에게 호감을 보였다. 이를 통해 그들은 ESP1이 암컷을 유혹하는 수단이라고 결론지었다.

이스라엘의 과학자들은 사람의 눈물에도 쥐의 경우처럼 화학신호물질이 존재하는지 알아보기 위해 젊은 남성을 대상으로 실험을 진행했다. 한 그룹에는 여성이 흘린 눈물을, 다른 그룹에는 식염수를 적신 패치를 코 밑에 붙이게 했다. 두 그룹 간의 성적 자극, 테스토스테론, 심장박동, 뇌 활동의 변화 등을 비교한 결과 앞에서 설명한 쥐 연구와 반대였다. 여성의 눈물 냄새를 맡은 남성들은 성욕이 줄어들고 테스토스테론이 감소했다. 또 심장박동과 호흡이 안정화되면서 심리적으로 진정되는 효과를 보여주었다.

앞에서 언급한 프레이 박사는 여성의 눈물샘에 프로락틴 호르몬이 많아 여성이 남성보다 더 잘 운다고 설명했다. 프로락틴 호르몬은 안정감을 가져다주는 생리적 능력을 지녔는데, 이것이 이스라엘 과학자들의 연구 결과와 관련이 있지 않나 싶다. 참고로 프로락틴은 모유 생성에도 작용하는 호르몬이다. 또한 프레이 박사는 스트레스를 감소시키는 부신피질 자극 호르몬과 고통을 줄여주는 엔도르핀류 물질이 눈물에 포함되어 있다고 설명했다. 더 많은 연구가 필요하겠으나 눈물은 상대방을 유혹하기도 하지만 때로는 진정시키기도 한다.

쥐를 대상으로 한 연구 결과에서 페로몬의 역할을 설명했다. 페로몬은 생물체 간의 신호물질로 정의된다. 군집 생활을 하는 새들이나 개미들은 우두머리가 분비하는 미세한 페로몬을 따라 움직인다는 것이 밝혀졌다. 그렇다면 인간도 무리를 이끌고 상대방을 유혹하는 페로몬을 발산할까? 아직 이에 대한 정답이나 정설은 없다. 최근 미국 예일대학교의 한 연구팀은 심리과학잡지에 흥미로운 연구 결과를 발표했다. 즐겁지 않은 경험을 타인과 나누면 그 정서가 증폭된다는 것이다. 이들이 눈물에 관한 연구를 직접 수행하지는 않았지만, 기쁨의 눈물을 함께 흘리면 기쁨이 더 커지고, 슬픔의 눈물을 나누면 슬픔이 줄어드는 심리적 현상이 이 주장을 어느 정도 뒷받침하지 않을까 생각한다.

눈물에는 마음이 녹아 있다

프랑스 과학자 드 마르셍은 눈물에 마음이 녹아 있다고 주장했다. 그는 감동의 눈물은 일반 눈물보다 덜 짜고 꽃향기를 풍기는 성분이 든 반면, 아파서 흘린 눈물이나 분통과 울분을 토하며 쏟아내는 눈물은 더 짜고 냄새도 고약하다고 밝혔다. 인간이 희로애락에 따라 흘리는 눈물은 그 성분에 차이가 있을 뿐만 아니라 생리학·심리학적 영향도 다르다.

과학계가 풀어야 할 문제는 어떤 이유로 외부 자극, 심리적 스트레스, 반작용적 반응에 따라 서로 다른 화합물이 눈물에 섞여 나오는지를 밝히는 것이다. 울분에 찬 눈물에서 왜 염분과 단백질이 더 배출되는지에 관한 눈물의 생화학적 메커니즘은 아직 밝혀지지 않았다. 또한 우리 몸에서 눈물에 포함된 성분이 만들어질 때 무엇이 감정의 변화를 유발하는지도 아직은 미지수다. 자극이나 감정에 대한 반응은 몸에서 만들어지는 화합물에 좌우된다. 그러나 화합물 자체의 기능보다는 화합물이 체내에서 합성되는 과정에 관여하는 신경생리학적 메커니즘이 더 중요할 수도 있다. 아직 이런 부분의 이해는 턱없이 부족하다. 앞으로 눈물의 과학이 더욱 발전해 과학적 물음에 답할 수 있기를 바란다.

모기가 유독 당신을 좋아하는 이유

여름철 우리를 가장 괴롭히는 곤충은 단연 모기다. 요즈음 아파트에는 겨울철에도 모기가 있다는 이야기를 종종 듣는다. 암컷 모기는 산란기가 되면 동물들의 피를 빨아들여 영양분을 얻는다. 그런데 '나는 왜 다른 사람에 비해 모기에 잘 물릴까?', '그 친구는 나보다 잘 씻지도 않는 것 같은데 모기가 잘 물지 않을까?' 모기와 관련된 의문이 꼬리에 꼬리를 문다.

숲 속을 걷거나 야외 활동을 즐기기 알맞은 여름철에 모기는 정말 기피 대상이다. 더구나 모기는 황열, 뎅기열, 말라리아 등을 옮기기까지 한다. 현재까지 이 지구상에서 2,700여 종의 모기가 발견되었고 그중 약 60종이 전염병을 전파한다고 알려졌다. 매년 수백만 명이 모기가 옮긴 전염병으로 목숨을 잃고 있다. 사람뿐만 아니라 가축에게도 전염병을 퍼뜨려 막대한 피해가 발생한다. 도대체 모기를 유인하는 신호 화합물은 어떤 것들일까?

화학으로 밝히는 모기의 취향

인간의 피부로 배출되는 화합물은 현재까지 약 350종이 밝혀졌다. 여기에는 모기를 유인하는 신호 화합물도 몇 가지 포함되어 있다. 그러나 모기가 반응하는 요소를 살펴보려면 후각을 자극하는 화합물에만 국한하지 않고 열이나 시각적 요인도 고려해야 한다.

신호 화합물은 비교적 분자량이 낮은 휘발성 화합물로, 호흡에서 나오는 이산화탄소를 비롯해 피부 표면에서 생기는 리피드, 지방산의 신진대사 생성물 등이 있다. 그런데 이 휘발성 화합물이 피부에 존재하는 미생물에 의한 분해 생성물인지 혹은 피하효소에 의한 신진대사 생성물인지는 아직 정확하게 밝혀지지 않았다. 이런 과학적 의문은 뒤로하고 지금까지 알려진 모기를 유인하는 요인을 살펴보자.

이산화탄소

이산화탄소는 모기를 이끄는 가장 중요한 기체다. 모기는 50m가 넘는 거리에서도 이산화탄소 농도가 짙은 곳을 감지한다. 모기들이 직선 방향으로 날지 않고 지그재그로 나는 이유도 이산화탄소 배출 장소를 놓치지 않고 접근하기 위해서다. 이는 곧 사람들이 모기를 멀리하기 어렵다는 뜻이다. 우리는 호흡 시 이산화탄소를 배출하기 때문이다.

사람마다 이산화탄소 배출량이 다르듯 모기 유인성도 사람에 따라 차이가 난다. 몸집이 큰 사람은 이산화탄소 배출량이 많아 모기를 더 유인한다. 임산부도 마찬가지다. 그러나 이런 분석은 어디까지나 일차원적인 일반론에 지나지 않는다. 호흡 시 이산화탄소와 섞여 배출되는 다른 휘발성 화합물과 피부로 배출되는 신호 화합물, 체온, 색깔 등이 모두 모기를 유인하는 요소다.

운동과 열

배구, 테니스 등 운동을 하는 사람은 가만히 있는 사람보다 모기에 잘 물린다. 호흡량이 많아 이산화탄소 배출량이 늘어나고, 피부에서 노폐물이 더 잘 분비되고, 체온도 높아지기 때문이다. 이는 모두 모기를 유인하는 조건이다.

한 연구기관에서 가만히 앉아있는 사람에게 에탄올 농도(5.5%)와 유사한 도수인 맥주 350mL를 마시게 한 후 땀에 섞여 나온 에탄올과 땀의 양, 피부 온도를 측정해 모기 유인과의 상관관계를 조사했다. 역시 맥주를 마신 사람이 그렇지 않은 사람보다 모기를 더 유인한다는 결과가 나왔다. 야외에서 모기들이 맥주병이나 잔에는 관심이 없고 맥주를 마시고 있는 사람만 공격하는 것을 보면 맥주 자체보다 인간이 그들의 목표물이라는 점을 알 수 있다.

젖산과 지방산

척추동물의 호흡 과정에서 최종생성물은 이산화탄소다. 이에 비해 인간은 에크린 땀샘에서 진행되는 혐기성 당분해 생체반응을 통해 젖산이 생긴다. 젖산은 특히 다리에서 많이 분비된다. 또한 인간의 피부에서는 트라이글리세라이드가 배출되는데, 이것이 피부 표면에 있는 미생물에 의해 지방산으로 분해되면 모기나 파리 같은 곤충들을 유인한다. 지방산에는 아세트산, 프로판산, 부탄산, 펜탄산, 3-메틸부탄산, 헵탄산, 옥탄산, 테트라데칸산 등이 있다. 이 지방산들은 독자적으로도 모기를 유인하지만, 이산화탄소나 다른 화합물과 함께 있을 때 효과가 상승한다.

기타 화합물

이밖에 여러 가지 화합물도 모기를 유인한다. 대표적으로 1-옥텐-3-올, 암모니아, 부타논, 알데히드류, 페놀류, 요산, 스테로이드, 콜레스테롤이 있다. 암모니아는 땀에 들어있는 성분이며 기타 화합물들은 주로 피부에서 발견된다. 피부에 스테로이드와 콜레스테롤이 많은 사람은 보통 유전이므로 특정 가족이 모기에 잘 물리는 현상도 이상한 일이 아니다.

그 밖의 요인

땀이 많이 나고 냄새나는 발을 가진 사람들은 모기를 더 유인한다고 알려져 있다. 흥미롭게도 발냄새가 나는 사람들의 발 피부에서 짙은 냄새로 유명한 벨기에의 림버거 치즈의 악취성 휘발물이 발견되었다. 실제로 모기 유인 연구에 이 치즈가 사용되기도 한다. 그 밖에 모기는 어두운색을 좋아하므로, 밝은색의 옷을 입으면 모기를 덜 유인한다.

모기 더듬이의 비밀

모기가 어떤 요소를 좋아하는지 알아보는 데는 흔히 고전적인 방법이 사용된다. 망 속을 모기가 좋아하는 환경으로 만든 다음 정해진 시간 동안 모기가 몇 마리나 포집되는지 조사하는 방식이다. 그러나 모기의 후각을 더 깊이 이해하려면 전기생리학적 방법을 사용해야 한다. 이 방식은 미세 전극을 모기의 더듬이에 심어 모기의 후각세포가 자극을 받으면 전기적 감응이 발생하는 점을 이용한다. 실험에 이용된 휘발성 혼합물은 GC(기체크로마토그래피법)와 GC-질량 분석법을 이용해 정밀 분석한다. 이런 방법으로 개인에 따른 피부 노폐물의 종류와 상대적 양을 정량하고, 모기가 회피하는 사람들은 피부에서 어떤 화합물이 배출되는지 알아낸다. 이는 모기를 쫓는 화합물 연구에도 활용되고 있다.

물론 모기 후각의 분자생물학적 연구도 진행되고 있으며, 어떻게 후각신호가 전달되는가에 관한 연구가 그 중심 과제다. 현재로는 '냄새물질결합 단백질OBP’과 ‘냄새수용체 단백질ORP’에서 그 비밀을 찾고 있다. 냄새수용체 단백질은 모기 더듬이의 신경세포 표면에 있는 세포막에 걸쳐 있다.

모기의 ‘맛있는 사람’ 구별법

과학자들은 오래전부터 모기가 어떻게 ‘맛있는 사람’과 ‘맛없는 사람’을 구별해 무는지에 대해 주로 ‘맛있는 사람’에 관한 연구를 해왔다.

일반적으로 아기들은 이마, 뺨, 콧잔등이 모기에 잘 물리고 성인들은 얼굴보다는 목, 귀 뒤쪽, 눈꺼풀에 잘 물리는 경향이 있다. 이유는 피지 분비량 때문이다. 피지의 주성분은 트라이글리세라이드와 지방산인데, 특이하게도 여기에는 스콸렌과 왁스가 섞여 있다. 아기들의 얼굴에는 아직 피지선이 발달하지 않아 성인과 달리 기름기가 없다. 흥미로운 점은 왕성하게 생성된 피지를 보통 ‘개기름’이라 칭하며 지저분한 것으

$$H_3\,CH_2\,CH_2\,CH_2\,CHC = C \!\!\overset{\displaystyle CH_3}{\overset{\displaystyle |}{}}\!\!- CH_3$$

2-메틸-2-헵텐의 화학구조

제라닐아세톤의 화학구조

로 여기지만, 정작 모기는 피지를 별로 좋아하지 않는다.

영국의 마이크 버켓 연구팀은 전기생리학적 방법을 통해 모기가 싫어하는 화합물을 찾아냈다. 모기에 덜 물리는 사람들의 피부에서 2-메틸-2-헵텐과 제라닐아세톤이 더 많이 발견됐기 때문이다. 많다고 해봤자 나노그램 정도의 미세한 양이라 사람들은 맡지 못하는 냄새지만, 이 화합물을 피부에 바르면 확실히 모기가 덤비지 않는다.

예일대학교의 존 카슨 교수 연구팀은 모기의 냄새수용체OR에 관계되는 유전자로 초파리를 선택했다. 유전자를 대치시켜 초파리가 모기의 수용체 유전자를 발현하도록 50여 개의 모기 OR을 만들었다. 그리고 각 OR이 어느 화합물에 감응하는지, 소수의 특수 화합물에 가장 민감하게 반응하는 OR이 무엇인지 살피고, 여기에 사람의 피부에서 배출되는 화합물이 포함되었는지를 조사했다. 5~6개 수용체가 반응하자 그들을 집중적으로 연구했다. 물론 사용된 수용체도 특성이 각기 달라 모기가 좋아하거나 싫어하는 화합물이 모두 같지는 않았다. 이런 연구는 특히 모기 퇴치 화합물을 찾기 위해 사용한다.

아프리카에서는 흡혈성 파리인 체체파리가 소나 사람을 물어 치명적인 질병을 옮기고 있다. 일부 체체파리는 사람들에게 치명적인 수면병을 옮기는데, 국제곤충생리생태센터에 따르면 체체파리는 왕도마뱀의 피에서 병원균을 얻어 사람에게 옮긴다고 알려져 있다. 아프리카에서는 연 30만 명이 이 병의 희생자가 되고 있다. 여러 해 동안 체체파리가 싫어하는 화합물을 알아내기 위해 케냐에 있는 국제곤충생리생태센터 ICIPE에서 연구를 진행하고 있다. 그들은 체체파리가 물영양의 냄새를 싫어함을 발견했고, 물영양이 피부로 어떤 화합물들을 배설하는지 알아내 그중 모기가 어느 화합물을 가장 싫어하는지도 찾아냈다.

모기 이야기를 하던 중에 체체파리를 언급한 까닭은 모기가 싫어하는 화합물을 체체파리와 다른 해충들도 싫어한다는 사실이 밝혀졌기 때문이다. 이런 연구를 통해 현재까지 발견된 가장 효과적인 방충제는 DEET(N,N-디에틸-메타-톨루아미드)다. 이 화합물은 모기와 체체파리를 내쫓는 데 매우 효과적이지만 냄새가 지독하고 사람들의 건강과 환경에 악영향을 미친다는 우려를 사고 있다. DEET는 모기의 특수 수용체를 점유하는데, 이를 모기가 매우 싫어한다고 알려져 있다. 다시 말해 모기는 DEET의 냄새를 싫어한다.

동물 피부에서 배출되는 휘발성 화합물의 포집과 분리, 전기생리학적 분석법에 의한 검토뿐만 아니라, 지난 60여 년간 모은 4만여 개의 화합물에 대한 방충 효과 정보를 이용해 새로운 화합물을 합성하는 연구

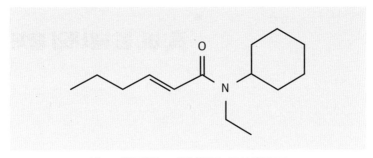

(E)-N-시클로헥실-N-에틸-헥센아미드의 화학구조

가 함께 진행 중이다. 예컨대, 미국농업연구소의 화학자 울리히 베르니에는 (E)-N-시클로헥실-N-에틸-헥센아미드가 DEET보다 방충 효과가 뛰어나다는 사실을 발견했다.

지금까지의 내용을 통해 간단한 문제처럼 보이는 분야에도 과학적인 과제가 아직 많이 남아있음을 알 수 있다. 수많은 인간과 가축의 생명을 위협하는 해충 매개 질병에 관한 기초연구는 아직도 부족한 상태다. 모기, 파리 등이 옮기는 질병의 발생 원인과 병균을 밝히는 기본적인 작업을 시작으로 해충들이 어떻게 병원균을 찾아 옮기는지 이를 어떻게 예방하고 환자를 치료할지 단계마다 더 많은 연구가 진행되어야한다. 다양한 분야 간 융합연구가 절실히 필요함을 느낀다.

흙, 비, 풀 냄새의 출처

우리는 살아 있는 동안 어떤 종류든 항상 냄새를 맡으며 지낸다. 향긋한 꽃향기부터 누구나 싫어하는 오물 냄새까지 종류는 그야말로 무궁무진하다. 우리가 일상에서 자주 접하는 냄새로는 자연에서 오는 냄새, 음식 냄새, 산업현장에서 배출하는 냄새, 여러 가지 화장품이 풍기는 냄새, 동물들의 배설물에서 나는 악취 등이 있다.

다양한 냄새 가운데 우리가 좋아하지만 어디서 오는지 잘 모르는 세 가지 냄새가 있다. 바로 흙냄새, 비 온 후의 공기 냄새, 풀 깎을 때 날아오는 풀 냄새다. 지금부터 이 냄새들의 출처를 찾아보자.

흙냄새

장시간을 선상에서 지낸 항해사들은 육지가 눈에 들어오지 않아도 육지로부터 불어오는 냄새를 통해 입항이 가까워졌음을 느낀다고 한다. 그런가 하면, 귀농하는 사람들은 종종 고향의 냄새로 흙냄새를 말하곤 한다. 아무래도 흙은 인간을 품은 마음의 고향이며, 은은한 흙 특유의 냄새가 그런 심혼을 일으키는 모양이다.

순수한 흙은 무기물로 인간은 그 냄새를 맡지 못한다. 따라서 우리가 아는 흙냄새는 흙 자체의 냄새가 아니라 흙 속에 살고 있는 세균과 곰팡이들이 흙 속에 있는 유기물을 분해하면서 만들어낸 휘발성 물질이다. 다시 말해 흙냄새는 흙 속에 살고 있는 미생물들의 작품이라는 의미다. 흙 1g에 자그마치 3천만 마리의 미생물이 살고 있다며 '3천만 중생'이라는 표현을 쓴 〈흙을 알아야 농사가 산다〉의 저자 이완주의 표현이 생각난다.

토양 속 미생물들이 만들어내는 화합물 중 우리가 흙냄새라 느끼는 화합물은 지오스민geosmin과 2-메틸이소보르네올MIB이다. 이들의 특성을 차례로 살펴보자.

지오스민

지오스민은 데칼린의 유도체로 화학구조는 다음과 같다. 이 화합물의 이름은 그리스어로 흙을 뜻하는 '지오geo'와 냄새를 뜻하는 '스민smin'

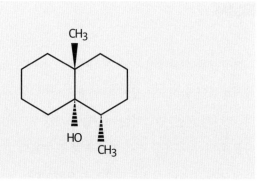

지오스민의 화학구조

에서 유래했다. 지오스민은 그람양성박테리아인 스트렙토마이세스 Streptomyces에 의해 생산된다. 이 균은 토양 속 유기물과 셀룰로스를 분해하여 지오스민을 만든 다음 자신의 세포 속에 간직하다가 사멸할 때 방출한다.

사람의 코는 지오스민 냄새에 매우 민감하여 1조분의 5 농도까지도 탐지할 수 있다. 지오스민은 흙냄새의 주성분일 뿐 아니라 잉어, 붕어, 메기 같은 민물고기에서 나는 흙냄새의 원인이기도 하다. 지오스민은 다음에 설명할 2-메틸이소보르네올과 결합해 지방질성 피부와 근육조직에 농축된다. 지오스민은 산성에서 분해되기 때문에 민물고기 요리에 식초를 사용하면 흙냄새를 줄일 수 있다.

2-메틸이소보르네올

지오스민과 마찬가지로 두 개의 고리로 구성된 화합물이며 보르네올의 유도체로 볼 수 있다. 화학구조는 아래와 같다.

이 화합물은 시아노박테리아의 일종인 아나배나Anabaena에 의해 생산되며, 이 때 지오스민도 함께 만들어진다. 아나배나는 사멸할 때 세포에 축적된 2-메틸이소보르네올을 방출한다. 인간의 후각은 이 화합물의 냄새에 매우 민감해 아주 미세한 양이라도 그 냄새를 알아차린다. 만약 마시는 물에 아주 소량의 2-메틸이소보르네올이 들어있어도 우리는 그 냄새를 감지할 수 있다.

재미난 사실은 지오스민과 2-메틸이소보르네올이 쌍봉낙타의 생존에 중요한 역할을 한다는 점이다. 쌍봉낙타는 후각을 이용해 약 80km 떨어진 오아시스도 찾아갈 수 있다고 알려졌다. 이들이 쫓는 냄새는 물냄새가 아니라 젖은 흙냄새인데, 바로 스트렙토마이세스가 방출하는 지오스민의 냄새다. 쌍봉낙타와 이 화합물들 사이에 어떤 연관성이 존재할까? 논리는 이렇다. 쌍봉낙타가 물을 마실 때 스트렙토마이세스

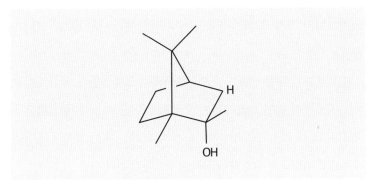

2-메틸이소보르네올의 화학구조

포자와 접촉하게 되는데, 이 포자들이 낙타가 여행하는 길을 따라 넓게 퍼지는 것이다.

비 온 후의 공기 냄새

비 온 후, 특히 한바탕 소나기가 쏟아진 후의 공기는 참으로 향기롭게 느껴진다. 그 훗훗하면서 잡힐 듯 말 듯한 내음은 어디서 오는 걸까?

지금으로부터 50여 년 전에 호주의 두 과학자, 이사벨 조이 베어와 로더릭 토마스는 〈네이처〉에 발표한 '점토질 냄새의 본질'이라는 글에서 건조한 토양에 비가 내릴 때 나는 냄새에 '페트리코petrichor'라는 이름을 붙였다. 이 이름은 그리스어로 돌을 뜻하는 페트로스petros와 그리스신화에서 신의 혈관을 흐르는 유체를 의미하는 이코르ichor의 복합어로, '마른 땅에 비가 내린 직후 공기에서 느껴지는 향긋한 냄새'로 정의된다. 그래서 종종 비 온 후 공기의 좋은 냄새를 페트리코라 부른다.

이 냄새는 어떤 한 근원지나 화합물에서 나오지 않는다. 지금까지 밝혀진 바로는 세 가지 요인이 공기 중의 화합물과 섞이면서 나온다고 알려졌다. 그 세 가지는 토양 속에 있는 박테리아, 식물, 번개다. 이들은 서로 다른 화합물을 배출하며 각각의 냄새를 풍긴다.

박테리아

토양에 사는 수많은 종류의 미생물 중 스트렙토마이세스가 토양 속 영양분을 분해하여 지오스민을 만든다. 비가 오면 지오스민을 공기 중으로 퍼지게 해 우리가 그 냄새를 감지하게 된다. 인간의 후각은 올림픽 수영장 200개를 합친 정도의 물에 지오스민을 한 숟가락만 풀어놓아도 그 냄새를 맡을 수 있을 만큼 민감하다. 스트렙토마이세스는 평소에는 포자를 토양에 생산하다가 비가 쏟아지면 이 포자들을 공기 중으로 밀어낸다. 공기 중 수분은 에어로졸이 되어 포자의 확산을 돕는다. 호흡 시 에어로졸은 우리의 콧속으로 쉽게 들어온다. 이 미생물은 전세계에서 발견되므로 세계 어느 곳에 가든 소나기 후의 신선한 공기 내음을 맡을 수 있다.

식물성 기름

일부 풀과 나무들은 식물성 기름을 분비하는데, 건기에 특히 활발해진다. 식물성 기름 성분 중에는 씨앗의 발아를 막거나 식물이 수분을 잃지 않게 잎 표면에 피막을 만드는 기능도 있다. 물론 일부는 식물 주위의 바위나 흙에 축적된다. 비가 오면 기름 성분 중 특히 휘발성인 물질이 수분과 만나 공기 중에 날아다니게 되는데, 이들은 물과 잘 섞이지 않는 소수성을 지닌다. 따라서 지오스민과 쉽게 섞여 우리가 냄새를 느끼게 한다. 일부 식물의 기름은 식물성 향유로 널리 쓰이고 있다.

오존과 산성비

공기 중의 오존도 신선한 공기 냄새의 원인이 된다. 일부 공공장소에 있는 공기 청정기 중 오존 발생기가 가끔 눈에 뜨인다. 공기 중에는 매우 낮은 수준의 오존이 존재하지만, 뇌우 직후에는 번개의 방전 때문에 오존량이 증가한다. 번개는 공기 중의 산소와 질소의 반응으로부터 산화질소NO를 만들고, 이 화합물은 산소 등과 반응해 오존을 만든다. 가끔 폭풍이 도달하기 전에 마늘이나 염소 냄새와 비슷한 오존의 냄새를 감지할 수 있다.

일반적으로 공기 오염이 큰 도시에 산성비가 내리기 쉽다. 산성비는 공기나 토양의 여러 가지 유기화학물질과 반응해 방향성 화합물을 만든다. 물론 이 중에는 역겨운 냄새를 지니는 화합물도 섞여 있다. 일부 화합물은 가솔린과 관련 있다. 물론 비는 공기 중의 부유물을 제거해 공기를 깨끗이 해주는 역할도 한다. 따라서 소나기가 내린 후 우리 콧속에 들어오는 공기는 맑게 느껴진다. 참고로 비 온 후 공기 속에서 2-이소프로필-3-메톡시-피라진이라는 화합물이 분리되었다는 보고가 있는데, 이 화합물의 냄새는 비 온 후의 신선한 향기와 유사하다.

갓 자른 풀 냄새

공원을 걷던 중 향기로운 풀 냄새가 불어오는 쪽을 살펴본다. 저 건너편에서 풀을 베는 기계가 잔디를 깎고 있다. 평소에는 특별한 냄새를 느낄 수 없다가 왜 베어낸 풀에서는 그렇게도 싱그러운 풋내가 쏟아질까?

녹색 식물의 잎이 발산하는 휘발성 물질을 GLVGreen Leaf Volatile라 부른다. 정상적인 잎이나 풀은 GLV를 지속적으로 방출하는데, 평소에는 그 양이 적다가 상처를 받거나 잘게 갈리면 방출량이 크게 증가한다. 왜 잘릴 때 GLV가 더 많이 나올까? 이때 어떤 화합물들이 생길까? 이 화합물들은 어떤 기능을 할까?

잘린 풀은 아세톤, 에탄올, 아세트알데히드처럼 분자량이 낮은, 즉 휘발성이 큰 화합물들도 방출하지만 가장 흔하게 내뿜는 화합물들은 분자식에 탄소를 6개 지니는 6-탄소알데히드, 알코올, 에스테르다. 풀에 상처가 나면 풀 안의 효소가 지방과 인지질을 분해하여 리놀렌산과 리놀레산을 만든다. 이들은 다시 산화·분해되어 6-탄소 화합물을 만드는데, 이때 풀 냄새를 풍긴다. 대표적인 6-탄소 화합물은 (Z)-3-헥센알이다.

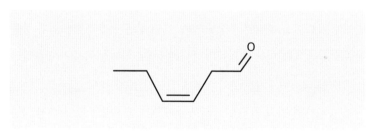

(Z)-3-헥센알의 화학구조

인간의 후각은 (Z)-3-헥센알 냄새에 매우 민감해 10억분의 0.25도 감지한다. 한편 (Z)-3-헥센알은 (E)-2-헥센알로 변하는데. (E)-2-헥센알을 흔히 잎 알데히드leaf aldehyde라 부른다. 이 두 화합물은 공업적으로 생산되어 향료와 식물산업에 사용되고 있다.

식물이 상처를 입으면 왜 이런 화합물을 만드는지에는 몇 가지 의견이 있다. 그중에 동물이 스트레스를 받으면 체내에서 스트레스 화합물이 만들어지듯 식물도 스트레스에 감응해 여러 화합물을 만든다는 것이 있다. 그러나 그보다는 상처받은 곳에 해충, 균, 박테리아가 침입하는 것을 막기 위해 화합물을 배출한다는 연구 결과가 더 수긍이 간다. 일본 야마구치대학교의 켄지 마츠이는 2012년에 GLV가 식물에서 만들어지는 메커니즘에 관해 심도 깊은 연구를 수행했다. 연구 결과에 따르면 식물을 갈았을 때, 상처를 입혔을 때, 원상태 순서로 GLV가 많이 방출되었다.

식물이 GLV를 만드는 또 다른 까닭은 초식동물로부터 자신을 보호하려는 의도에서다. 일부 초식동물은 이 냄새를 별로 좋아하지 않기 때문이다. 또한 GLV는 정보 화합물로서 이웃 식물들에게 곤충의 침입을 알려주는 역할을 한다는 주장도 있다. 개미 같은 곤충의 페로몬과 상응하는 기능을 가진다는 설명이다. 비슷한 예로 기생성 곤충인 장수말벌이 GLV를 이용해 숙주동물이 어디에 있는지 알아낸다는 보고도 있다.

풀 냄새는 우리의 기분을 상쾌하게 해주는 긍정적인 일만 하지 않는다. GLV가 공기 오염을 일으켜 사람들에게 해를 준다는 주장이 꽤 설득력을 얻고 있다. 일부 GLV는 자동차 엔진에서 뿜어져 나오는 질소산화물과 반응해 지상에 오존을 만들 뿐만 아니라, GLV 자체가 온실가스 노릇을 한다는 연구 결과도 일부 눈에 띈다. 더구나 잘리고 남은 잔디들이 마르는 과정에서 10배 이상의 GLV가 발생한다는 보고도 있어 풀 깎기에 얼굴을 찡그리는 일까지 벌어진다. 그러나 초식동물은 풀을 먹어야 하고, 채식을 즐기는 인구도 점점 늘어나는 상황에서 GLV 발생을 막을 수는 없지 않은가? 그러니 향기로운 풀 냄새를 즐기고 짙푸른 채소로 건강을 챙기자.

건축도 알고 보니 화학이었어

자연과학자들이 추구하는 나노과학은 종종 어느 방향으로 응용될지 예측하기 힘들다. 더구나 건축과 나노과학의 만남은 매우 엉뚱하게 들릴 수도 있다. 그러나 그렇지 않다. 세계인의 이목을 끄는 건축물에 나노기술이 적용된 지도 20여 년이 넘었다. 지금부터는 건축물에 사용된 나노기술 이야기를 펼쳐보려고 한다. 이미 수많은 콘크리트, 강철재, 유리창에 나노기술이 사용되고 있다는 사실을 알면 놀랄 것이다.

순백색을 유지하는 건축물의 비밀

2003년 이탈리아 로마 중심지 동쪽에 눈에 띄는 새로운 교회가 들어

섰다. 외관도 특이하지만 눈부시게 하얀 벽면이 새파란 하늘과 매우 대조적이다. 주빌리 교회Jubilee Church라고 불리는 이 건축물 속에 어떤 나노기술이 숨어있을까?

어느 화합물이나 표면이 빛을 받아 촉매 노릇을 하면 우리는 광촉매 특성을 지닌다고 말한다. 그중 혼다-후지시마 효과라 불리는 현상은 1967년에 발견된 후 1972년에 학술논문으로 발표되었다. 이는 이산화티타늄TiO2이 빛을 받으면 물을 분해해 수소와 산소를 만들고, 수소를 연료로 사용하면 다시 물이 되는 반응이다. 이 분해과정에서 효율을 높이면 수소를 연료로 이용하는 수소연료전지를 만들 수 있어 에너지 문제의 해결책으로 제시되고 있다. 일부에서는 아직도 이 연구가 진행 중이다. 예전에 일본에서 후지시마 교수의 강연을 듣고 그와 만찬에 함께한 적이 있었는데, 그 자리에 참석한 일본 과학자들은 후지시마 교수가 머지않아 노벨상을 타리라는 기대에 차 있었다.

이산화티타늄은 나노 크기로 만든 상태에서 빛을 비추면 전기가 발생하는 특성을 지녔다. 또한, 빛을 받으면 공기 중의 산소와 반응해 산화를 일으키는 광산화의 촉매 노릇을 할 수 있다. 뿐만 아니라 이산화티타늄으로 코팅한 유리가 햇빛에 노출되면 물과 쉽게 결합하는 초친수성super-hydrophilicity을 지니게 되면서 먼지가 저절로 닦이고 안개가 서리지 않게 된다. 이러한 특성을 이용해 이탈리아의 이탈체멘티라는 회사는 이산화티타늄이 배합된 일종의 광촉매 시멘트를 개발했다. 광촉매 시멘트로 만든 콘크리트로 건물을 지으면 건축물 표면의 오염물이

주빌리 교회

산화해 깨끗이 제거되었다. 이 콘크리트는 2000년에 최초로 프랑스 샹 베리에 있는 음악의 전당 건축에 사용되었고, 그 후 주빌리 교회 건축 에도 적용되었다. 두 건물이 세워진 지도 벌써 20년이 넘었지만 이산화 티타늄 나노입자 덕분에 건축물은 눈부신 순백색을 그대로 유지하고 있다.

광촉매 시멘트는 2008년 〈타임〉이 선정한 '최고의 발명 50'에 이름을 올릴 정도로 탁월했다. 콘크리트는 표면에 구멍이 많은 다공성 재료라 오염물이 흡착되기 쉬운데, 나노 크기의 이산화티타늄 광촉매가 오염 물을 쉽게 분해하므로 궁합이 잘 맞는 재료 배합이라고 볼 수 있다. 여 담이지만 광촉매 시멘트 제작기술이 발전해 현재 이탈체멘티가 공급하는 광활성 건축 재료는 주빌리 교회를 지을 때보다 기능이 더 향상되었지만 가격은 많이 떨어져 시장 경쟁력이 크게 늘었다고 한다.

시멘트와 콘크리트의 대안 연구

우리나라에 목재 건축물이 많이 지어지면서 플라스틱 강화 목재 연구가 활발하게 진행된 적이 있었다. 다공성 재료인 건조 목재를 개선하기 위해 주로 비닐 단위체를 목재에 투입해 중합polymerization시키는 연구들이었다. 그러나 곧 흐지부지되어 버렸다. 한때는 고분자 강화 콘크리트 연구도 심심치 않게 진행되었으나 기술이 상용되었다는 뉴스만 한두 번 들리다 이내 사라지고 말았다. 시멘트나 콘크리트는 기본적으로 외부에서 힘을 가하면 쉽게 파괴되는 취성 재료다. 무른 성질은 쉽게 균열을 만들어 건축물의 미관을 해칠 뿐 아니라 안전에도 문제가 생긴다.

시멘트와 콘크리트의 대안으로 탄소 재료를 강화재로 사용하는 연구들이 다시 주목받았다. 미국 노스웨스턴대학교 토목공학과 교수인 수렌드라 샤는 탄소나노튜브와 탄소섬유를 이용해 시멘트의 균열을 크게 줄였다. 그가 사용한 탄소 재료의 양은 0.05% 정도로 매우 적었다. 그러나 아무리 적은 양이라도 경제성의 문제가 따르며, 소량을 얼마나 균일하게 섞는가 하는 문제도 만만치 않다.

다른 방법으로는 콘크리트를 빠른 속도로 굳혀 강도를 높이는 것이다. 그중에서도 작은 입자의 첨가제를 이용해 콘크리트의 결정화를 촉진하는 시딩seeding법이 주목을 끌었다. 독일의 화학 회사 바스프는 엑스 시드X-Seed라는 첨가제를 사용해 실온에서 콘크리트 경화 시간을 12시간에서 6시간으로 줄였다. 바스프는 고분자 물질을 사용해 나노결정들이 서로 들러붙지 않게 하는 특수 기술을 개발했다. 현재 바스프는 콘크리트에 바람직한 나노구조들이 생성되도록 돕는 여러 촉진제를 시판하고 있다.

바스프는 건축물 외벽용 페인트에도 나노기술을 접목했다. 유기고분자 입자와 나노 크기의 실리카 입자 분산체가 바로 그것이다. 이 배합은 추울 때 페인트에 균열이 생기는 현상을 방지함과 동시에 더운 날에 페인트가 끈적여지는 것도 막아준다. 게다가 친수성이라 비 올 때 표면의 때가 잘 닦이며, 비가 그치면 빨리 마르는 특징도 지닌다.

나노기술과 철강재의 결합

나노구조를 지닌 철강재는 조금 생소하게 들릴지 모르겠다. 그러나 탄소 함량이 0.05~2.1%인 탄소강은 모두 나노 복합체라 부를 수 있다.

철광석으로부터 철을 얻는 제철공정은 생각보다 복잡하다. 주로 산화철 꼴로 존재하는 철광석이 코크스를 넣은 용광로에서 환원반응해 철이 되는데 이때 적용되는 온도, 냉각 속도, 탄소 함량에 따라 철의 구조와 특성이 크게 달라지기 때문이다. 고순도 철인 α철을 가열하면 767℃, 910℃, 1410℃에서 β철, γ철, δ철로 상변화를 거치고 1537℃에서 용융된다. 다른 금속이나 비금속 원소를 넣어 합금 형태가 되면 특성이 또 변한다.

철의 강도는 주로 탄소 함량과 열처리에 좌우된다. 탄소 함량이 0.05~0.3%인 철을 '보통강'이라 부르며 이 중 탄소 함량이 낮은 철은 기계 부품이나 축 제조에, 탄소 함량이 높은 철은 레일 제조에 쓰인다. 탄소 함량이 0.7~1.3%인 '공구강'은 담금질 열처리가 잘 되므로 쉽게 단단해진다.

일부 탄소는 철과 화학반응을 통해 단단한 성질의 탄화철(시멘타이트)이 된다. 탄소 함량이 0.8%인 γ철을 서서히 냉각해 α철과 탄화철을 샌드위치 모양의 적층구조로 만든 것을 '펄라이트'라 하고, 여분의 α철을 '페라이트'라 부른다. 같은 구성을 급랭하면 γ철이 상변화를 거치지 못하고 섞여 있는 소위 '오스테나이트'가 된다. 철강학자 오스텐Osten에서 이름을 딴 이 구조는 고온에서 안정된 형태를 보이는 특징이 있다. 냉각 속도를 조절하면 γ철이 α철과 탄화철로 바뀌는 상변화가 저지되면서 매우 단단한 '마르텐사이트'가 된다. 철강학자 마르텐스Martens에서 이름을 딴 이 구조는 결정학 관점에서 보면 γ철과 α철의 중간 상태다. 탄소 원자를 더 많이 가둘 수 있고, 현미경으로 보면 바늘처럼 끝이 뾰족한 침상조직으로 되어 있다.

그런데 이렇게 복잡한 상변화를 미국의 MMFX라는 회사는 기가 막히게 조절해서 나노구조를 지닌 새로운 철강재 'MMFX2'를 개발했다. 이미 건축물, 고속도로, 다리 건설에 사용된 이 철강재는 일반 철강보다 2배나 강하다. 오스테나이트와 마르텐사이트가 나노 두께로 번갈아 쌓인 구조의 이 철강재는 결정립계에 탄화철이 없다. 이는 연성물질과 경성물질의 적층구조와 동일한 유연성을 보여준다. MMFX2의 발명자는 미국 UC 버클리대학교의 재료공학과 교수 개러스 토머스다. 그는 1980년대부터 철강재의 나노구조를 전자현미경으로 연구했으며, 나노구조 철강 제조에 관한 특허를 따냈다.

나노기술로 만든 마법 유리창

건축산업에서 나노기술이 가장 큰 변화를 일으킨 제품은 유리창이다. 여기서도 나노 크기의 이산화티타늄이 주역을 담당한다. 이산화티타늄은 흰색 분말 형태라 유리창 코팅에 그대로 사용하면 투광을 막아 유리창 기능을 못하게 한다. 그러나 이산화티타늄을 나노 크기로 만들어 코팅하면 이런 문제가 해결된다. 더구나 이산화티타늄은 자외선에 노출되면 친수성으로 변한다. 친수성 유리창은 물을 끌어 흘러내리게 하므로 비가 오거나 호스로 물청소를 하면 표면에 묻은 먼지나 때가 씻겨 내려간다.

그러나 여기에는 두 가지 문제가 있다. 첫째는 새의 분비물, 거미줄, 나무에서 떨어지는 송진 등 큰 오염물에는 제 기능을 발휘하지 못한다는 점이다. 3차원의 오염물 아래에 깔린 2차원의 코팅 재료는 그저 묻혀 있을 따름이다. 둘째는 유리창에 나노미터 두께로 이산화티타늄을 코팅하기란 그리 쉬운 일이 아니라는 점이다. 현재 유리 제조 회사인 필킹턴Pilkington은 코팅에 기체화학 증착법을 사용하고 있다. 이외에도 태양열이 창문을 통해 덜 들어오게 하는 코팅이나 방 안의 열기가 덜 빠져나가게 하는 코팅 등 특수 코팅 방법이 일부 사용되고 있다.

건축물과 나노기술, 함께할 수 있을까?

나노기술의 진전은 건축물, 특히 건축 재료에 엄청난 변화를 가져왔다. 이는 건축물의 안전 유지와 진단에 크게 기여하리라 예상된다. 꿈 같은 이야기처럼 들리겠으나 탄소나노튜브로 보강된 투명 재료가 지금의 철강재와 콘크리트를 대체하고, 기둥 없는 건축물도 건설할 수 있을 것이다. 또 나노 크기의 센서로 건축물이나 다리의 안정성도 진단할 수 있다. 그러나 석면에서 검출된 독성으로 뼈아픈 경험을 거친 건설업계는 새로운 기술이나 재료 사용에 의구심을 나타내기도 한다. 나노입자가 건강에 미치는 영향이 아직 분명치 않고, 작업자들이 나노 재료를 다루는 데도 걸림돌이 많을 것으로 전망된다.

나노 재료가 건축물에 얼마나 영구적으로 머무를 수 있는지 아직 많은 연구가 필요하다. 더 이상의 환경오염이나 공공 건강 문제를 일으키고 싶지 않은 건축업계의 성향은 나노 재료와 나노기술의 활용을 더디게 한다. 하지만 나노기술의 건축업계 잠식은 이미 시작되었다.

듀폰의 두 가지 명품

순수홀에서 피어난 가능성

나일론이 처음 시판된 지도 약 85년이 되었다. 나일론은 칫솔, 카펫, 테니스 라켓, 기타, 수술에 사용하는 실, 스타킹과 양말, 자동차 부품에 이용되며 지금까지 우리 주변에 함께 해왔다. 합성섬유로 가장 성공한 미국 듀폰의 나일론은 단순히 섬유뿐만 아니라 엔지니어링플라스틱 등의 다양한 분야에서 광범위하게 사용되고 있다.

나일론의 개발에는 으레 월리스 캐러더스Wallace Carothers의 이름이 언급되지만, 필자는 찰스 스타인Charles Stine이 숨은 공신임을 강조하고 싶다. 듀폰이 인조섬유 사업을 시작한 것은 1920년으로 프랑스 회사인 CTA의 권리 60%를 4백만 달러에 구입해 레이온 생산에 뛰어든 때부터다. 듀폰은 레이온을 개발하기 위해 1923년에만 1백만 달러를 연구비로 투자했다.

그러나 1926년 12월 듀폰 역사에 커다란 사건이 벌어진다. 찰스 스타인이 회사의 집행위원회에게 레이온이나 암모니아 등 기존 제품의 응용연구보다는 순수과학 연구에 집중해야 한다고 비난한 것이다. 이미 확립된 과학적 사실을 실용적인 문제에 응용하는 연구보다는 새로운 과학적 사실을 발견하기 위한 연구에 집중해야 한다는 주장이었다. 이미 GE나 벨텔레폰 등의 기업들이 순수연구를 하고 있긴 했지만 스타인의 의견은 듀폰에게 꽤나 급진적인 주장이었다.

회사의 집행위원회는 이듬해 3월, 놀랍게도 스타인의 제안을 받아들였고, 월 2만 5천 달러를 순수과학 연구에 사용했다. 이는 스타인이 제안했던 연구비의 15배나 되는 파격적인 액수였다. 또한 윌밍턴시 연구소에 순수과학 연구실 건설비로 12만 5천 달러도 지원했다. 이 모든 투자가 '유기화학 기초연구'를 위해 결정되었다. 스타인은 세계에서 가장 촉망되는 유기화학자 25명을 고용하라는 특명도 받았다. 이 연구실은 화학자들에게 선망의 대상이 되었고 '순수홀Purity Hall'이라는 별명을 얻었다.

도대체 스타인은 어떻게 이 혁신적인 아이디어를 성공적으로 이끌 수 있었을까? 그는 듀폰에서 이미 20년을 연구와 생산에 깊이 관여한 인물로, 염료와 군용 폭약을 개발하고 제1차 세계대전 중에는 직접 폭약을 생산해 해군에 공급했다. 이 같은 업적이 스타인의 의견에 무게를 실어주었다. 그는 지금처럼 미국이 응용연구만을 고수한다면 미국의 근시안적 방식의 가장 큰 수혜자는 결국 독일이 될 것이라 주장했다. 그러나 스타인은 일리노이대학교의 로저 애덤스 교수나 오하이오주립 대학교의 헨리 길먼 교수처럼 최고의 명성을 자랑하는 유기화학자를 영입하지 못했다. 그는 계획을 수정해 유명하지는 않지만 전도유망한 유기화학자를 찾기로 했다. 연구 분야와 수행 방법을 회사가 결정할 수 도 있는 장점을 지닌 이 인사 전략은 GE에서 사용하고 있던 것이기도 했다.

스타인의 제안을 거절한 로저 애덤스 교수는 당시 하버드대학교의 강사로 있던 월리스 캐러더스를 추천했다. 캐러더스는 1924년에 일리 노이대학교에서 박사학위를 취득한 후 하버드대학교에서 학생들을 가 르치고 있었다. 그러나 캐러더스는 스타인의 일자리 제안을 두어 번 거 절했다. 아무리 순수과학 연구를 보장한다지만 기업을 위한 연구라는 점과 듀폰의 경직된 분위기가 썩 마음에 들지 않았기 때문이었다. 여러 번의 설득 끝에 1927년 말 캐러더스는 하버드에서 받던 연봉의 두 배 가 넘는 6천 달러를 받는 조건으로 연구원 자리를 승낙했다(1969년에 필자가 미국에서 연구원으로 일했을 때 연봉이 약 1만 7천 달러인 것과 비교하면 당시 캐러더스의 연봉은 대단한 액수다). 대학 시절부터 돈에 쪼들려 살아온 데다 학생들을 가르치는 일을 특별히 즐기지 않았던 캐 러더스가 듀폰의 제안을 거절하기란 쉽지 않았다.

천재 화학자의 환희와 비극

듀폰에 입사한 캐러더스가 초기에 어떻게 느꼈는지는 그가 지인들에게 보낸 몇 통의 편지에 잘 나타나 있다. 그 안에는 화려한 실험실, 간섭받지 않는 연구 환경, 넉넉한 시약과 장비들, 강의 계획에 쫓길 필요 없는 생활 등 비교적 긍정적인 내용들이 담겨있다.

캐러더스는 고분자 화합물을 생성하기 위한 중합 연구를 집중적으로 수행했다. 당시만 해도 과학계는 독일 화학자 헤르만 슈타우딩거의 '고분자 가설'을 완전히 받아들이지 않았으며, 고분자는 저분자들이 콜로이드 형태로 집합된 것이라 여겼다. 그러나 캐러더스는 유기화학반응을 이용하면 양단에 반응성 작용기를 지닌 저분자로부터 고분자를 합성할 수 있다고 믿었다.

캐러더스의 성공은 그리 오래 걸리지 않았다. 1930년 4월 연구실 팀원 줄리언 힐이 디올diol과 디애시드diacid를 중합시켜 분자량이 12,000이 넘는 폴리에스테르를 만들어 낸 것이다. 그는 폴리에스테르에서 섬유까지 뽑아낼 수 있음을 보여주었다. 이는 슈타우딩거의 설을 뒷받침하는 고분자 화학사의 커다란 발견이었다. 그러나 듀폰의 연구자들은 폴리에스테르가 상품화되기에는 문제점이 많다고 판단했다. 녹는점이 너무 낮아 세탁과 다림질이 어려웠기 때문이다. 과학적으로는 성공작이었지만 기업의 입장에서는 가능성만 보여준 사례였다. 그 후 4년간 캐러더스 연구진은 낮은 녹는점과 수분 저항성 문제를 개선하기 위해 섬유 연구에 힘을 쏟았으나 성공하지는 못했다.

1934년 스타인의 뒤를 이은 엘머 볼턴이 연구 성과에 대해 캐러더스 연구진을 압박하자 그들은 폴리에스테르 개발을 중지하고 폴리아미드 합성 연구에 돌입했다. 그 결과 1934년 5월 연구실 팀원이었던 도널드 코프먼이 폴리아미드 합성에 성공해 기존보다 우수한 섬유를 뽑을 수 있었다. 한 가지 단점은 그가 단위체로 사용한 아미노노난산을 합성하기가 매우 어렵다는 점이었다. 실험 끝에 캐러더스 연구진은 1년도 되지 않아 이전보다 쉽게 합성할 수 있는 단위체로 폴리아미드 섬유인 나일론 5,10과 나일론 6,6을 만들었다. 그중 나일론 6,6은 헥사메틸렌디아민과 아디프산이라는 단위체로 합성되었는데, 이 단위체들은 석탄 부산물에서 나오는 벤젠으로 쉽게 제조할 수 있었다. 이 때문에 볼턴은 나일론 6,6을 선호했고, 이후 캐러더스 연구진은 나일론 6,6 연구에 전념했다. 마침 듀폰의 자문관이던 훗날의 노벨화학상 수상자 폴 플로리가 수학적 모델을 발전시켜 중합반응을 이론화해 나일론 6,6 상품화에 힘을 실었다.

1938년 듀폰은 델라웨어주 시포드에 나일론 6,6 생산 시설을 건설하기 시작했다. 예상되는 생산 규모는 연 50만 킬로그램 정도였다. 하지만 캐러더스는 이러한 진행 상황을 체감할 수 없었다. 그는 1937년 4월 29일 필라델피아 근교 어느 호텔에서 독약을 먹고 자살해 시체로 발견되었다. 그의 나이 겨우 41살이었다. 세계에서 가장 우수한 젊은 화학자로 칭송받던 커다란 별이 사라졌다. 고전음악에 심취하다가 때로는 술독에 빠져 살던 캐러더스는 조울증에 시달리고 있었고, 장시간 연구실에 나타나지 않기도 했다. 듀폰이 나일론 6,6 생산을 서두르고 있을 때 캐러더스는 이미 그들과 동떨어져 있었다. 자신이 발명한 합성섬유가 세계를 뒤흔들고 있었지만, 그 모든 영광을 뒤로 한 채 스스로 생을 마감한 불운한 천재였다. 노벨상 수상의 영예도 분명 그의 것이었을 텐데 말이다.

세계를 사로잡은 나일론

나일론은 여러 가지 용도로 활용할 수 있지만 듀폰은 우선 여성용 스타킹에 초점을 맞췄다. 1930년대에 여성들의 치마 길이가 점점 짧아지

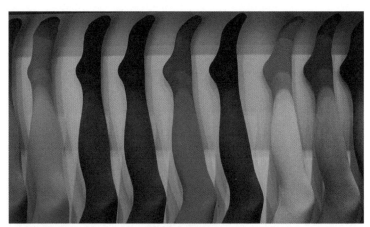

나일론 스타킹

면서 스타킹은 여성들의 필수품이 되었다. 당시 미국 여성들은 연평균 8켤레의 스타킹을 구매했고, 스타킹의 재료였던 일본산 비단 수입액은 연 7천만 달러를 넘어서고 있었다. 듀폰은 나일론 섬유를 공급해 여성용 스타킹을 만들 수 있도록 했다.

듀폰의 나일론 사업이 처음부터 순탄한 것은 아니었다. 한 신문사가 캐러더스의 자살 소식에 덧붙여, 듀폰이 부패한 시체에서 나오는 독성 화합물로 나일론을 만든다는 끔찍한 추측 기사를 실었기 때문이었다. 듀폰은 이런 소문을 잠재우기 위해 나일론은 '석탄, 공기, 물'만을 이용해 제조한다는 점을 계속 강조했다.

1931년 9월 미국 버펄로시에서 개최된 미국화학회 학술대회에서 캐러더스와 힐이 폴리에스테르를 발표한 때부터 듀폰이 새로운 섬유를 개발했다는 풍문이 돌고 있었다. 언론에서는 이 섬유를 인조비단이라고 불렀다. 듀폰이 나일론 스타킹을 시중에 공개한 것은 1938년 10월이었지만 실제로 판매되기 시작한 것은 1940년 5월 15일이었다. 나일론 스타킹 한 켤레의 가격은 당시로는 꽤 비싼 금액인 1.15달러였는데도 그날 오전 중에 매진되었다. 듀폰이 스타킹으로 거두어들인 수익은 1940년에 900만 달러, 이듬해 2천 500만 달러에 이르렀다. 듀폰은 이미 스타킹 시장의 30%를 점유했다.

그러나 나일론 스타킹의 선풍적인 인기는 오래 가지 못했다. 제2차 세계대전 때문이었다. 듀폰은 국가의 요구에 따라 1941년 11월부터 나일론 생산을 국방용으로 전환했다. 낙하산, 타이어코드, 글라이더 로프, 비행기 연료 탱크, 군용 재킷, 구두끈, 모기장, 해먹 등 모든 군용 물품의 제조에 나일론 전체 생산량을 소비했다. 제2차 세계대전에서 미국을 승전국으로 이끈 일등 공신은 나일론이었다.

일반 소비자들이 나일론 스타킹을 사기 위해서는 종전 후인 1945년 9월까지 기다려야 했다. 나일론 스타킹이 다시 시판되자 소비자들은 스타킹을 사기 위해 긴 줄을 섰고, 신문사마다 그 광경을 기사에 실었다. 가장 놀랄만한 내용은 1946년 5월 피츠버그에서 4만 명 이상의 인파가 줄을 서서 차례를 기다리는 장면이었다. 판매 가능한 수량은 겨우 1만 3천 켤레밖에 없었는데 말이다. 일부에서는 주문 시 선금을 내지 않으면 스타킹 구매가 아예 불가능한 사태까지 벌어졌다. 나일론 스타킹은 패션 혁명의 시작에 불과했다. 저렴할 뿐 아니라 염색이 가능한 이 합성섬유는 세탁 후 다림질 없이 바로 입을 수 있는 간편한 워시 앤드 웨어 패션을 가져왔다.

1950년대에 들어서 나일론을 비롯한 합성섬유는 내의, 양말, 페티코트, 인조털코트, 인조양모 스웨터, 다림질이 필요 없는 양복 등에 널리 사용되었다. 여성들의 의상 변화가 특히 두드러졌다. 나일론 외에도 폴리에스테르, 아크릴, 레이온, 아세테이트가 합성섬유 혁명에 합세했다. 듀폰은 나일론 제품을 홍보하는 방법으로 프랑스 파리 패션계를 택했다. 1955년에 열린 파리의 패션쇼에서 코코 샤넬, 크리스챤 디올, 니나 리치, 피에르 가르뎅 등 유명 디자이너와 명품사들은 듀폰의 나일론 가운을 입은 모델들을 선보였고 대성공을 거두었다. 나일론의 인기는

1960년대에 시작된 '우주시대 패션'으로까지 이어졌다.

그러나 합성섬유는 환경보호 운동의 영향으로 1960년 후반부터 사양길을 걷게 되었다. 1965년도만 하더라도 합성섬유가 전 세계 옷감의 63%를 차지했으나, 1970년대 초에는 45%로 줄어들었다. 현재 나일론은 전체 합성섬유 시장의 약 12%를 차지하고 있으며 듀폰의 주력 상품 자리에서 밀려난 지 오래다. 그러나 나일론은 여전히 듀폰의 위대한 발명품으로 남아있다.

셀로판의 화려한 출현

1960년대 중반부터 세계적으로 거세진 환경보호 운동과 멋보다는 편안한 옷감을 선호하는 소비자들의 성향이 면 제품의 소비를 급속히 증가시켰고, 상대적으로 합성섬유의 소비는 감소하게 되었다. 고분자 제품의 낮은 생분해성과 환경 파괴가 사회적 문제로 계속 언급된 배경도 있었다. 1990년대에 흡습성을 높이고 정전기 발생을 줄인 합성섬유가 등장해 소비자들의 관심을 끄는가 싶었으나 그리 오래 가지 못했다.

천연섬유를 선호하는 분위기는 지금도 진행형이다. 광합성을 통해 얻어지는 자연의 은총인 셀룰로스는 우리 주위에서 가장 흔하게 볼 수 있는 천연고분자다. 셀룰로스를 필름 형태로 만든 제품이 인류가 지난 100년 이상 사용해온 셀로판이다. 셀로판은 그리스어로 셀룰로스를 뜻하는 'Kellon'과 투명함을 뜻하는 'Phaino'를 합친 복합어로 셀로판을 발명한 스위스 화학자 자크 브란덴베르거가 창안한 명칭이다. 셀로판 발명 이야기는 플라스틱 개발 역사의 한 페이지를 장식한다. 새로운 발명 뒤에는 언제나 우연과 끈질긴 노력이 함께한다. 셀로판의 발명도 예외가 아니다.

브란덴베르거는 1904년 프랑스의 어느 음식점에서 저녁 식사를 즐기고 있었다. 그러던 중 옆 테이블에서 조그만 사고가 생겼다. 누군가가 실수로 와인병을 쓰러뜨린 것이다. 쏟아진 와인은 순식간에 하얀 린넨 테이블보를 붉게 물들였고, 웨이터는 결국 테이블보를 새것으로 바꿔야 했다. 프랑스 직물 회사에서 염색, 프린팅, 직물처리 등을 전문으로 담당하는 화학자이자 세심하기로 유명한 스위스인인 브란덴베르거는 식당에서의 경험을 잊을 수 없었다. 더러워진 테이블보를 세탁하는 번거로움, 낡아서 새것으로 바꾸는 비용을 생각하며 해결 방법을 모색했다. 그러다 흰 테이블보에 묻은 얼룩을 쉽게 닦아 없애려면 테이블보를 투명한 재료로 코팅하면 되겠다는 생각을 했다.

그는 영국의 찰스 크로스와 에드워드 베번이 발명한 비스코스에 주목했다. 비스코스라는 명칭은 점성viscorosity을 뜻하는 단어에서 유래된 것으로, 점성이 큰 특징 때문에 처음에는 '황금 시럽'이라고도 불렸다. 브란덴베르거는 비스코스를 연구한 끝에 방수가 잘 되고 얼룩 제거가 쉬운 접착성 필름인 셀로판을 개발했다. 이를 활용해 코팅 천도 만들었으나 천이 너무 뻣뻣해 실용성은 없었다.

1924년에 브란덴베르거에게 비스코스 특허권을 산 듀폰은 제품을 개선하고 기계를 발명해 셀로판을 제조하는 기술력을 구축했다. 사실 셀룰로스로 셀로판을 만드는 공정은 그리 간단치는 않았다. 알칼리와 이황화탄소를 혼합한 용매에 셀룰로스를 녹여 비스코스를 만든 다음 산욕조에서 분해시켜 필름 형태로 만들어야 한다. 듀폰이 셀로판을 대량으로 생산할 수 있게 되자 포장업계에 대변혁이 일어났다. 셀로판은 습기, 박테리아, 기름에 저항력이 높아 식품 포장에 사용하기 적합했다. 게다가 우수한 투명성은 그 가치를 더 높여주었다. 곧 셀로판 포장지는 미국 가정의 필수품이 되었다.

카멜 담배와 듀폰의 셀로판의 비밀

카멜 담배

1930년 세계에 밀어닥친 대공황으로 카멜 담배를 생산하던 미국 담배 회사 레이놀즈에도 위기가 감돌았다. 갑자기 등장한 럭키스트라이크 담배가 전년도 카멜 담배의 자리를 빼앗아 갔기 때문이다. 레이놀즈 임원들은 이 상황을 어떻게 타개할지 고심했다. 당시 뉴욕시에서 가장 유명한 자문 회사에 의견을 물은 그들은 담뱃갑을 개선하는 데에서 해답을 찾기로 했다. 단순히 방수되는 담뱃갑에서 그치지 않고 알맞은 수분을 유지할 수 있는 기능에 중점을 두었다. 이런 결정은 곧 듀폰의 셀로판 포장지와 연결됐다.

한편 듀폰은 프랑스에서 비스코스 기술을 도입한 후 여러 해에 걸쳐 셀로판 필름을 대량으로 생산하는 기술과 방수·방습을 위한 표면처리 연구에 수백만 달러를 투자했다. 그 결과 음식 포장에 사용되던 호일, 왁스지, 글라신지가 투명한 셀로판 포장지로 대체되었다. 셀로판이 담배 포장에 안성맞춤이라는 점을 듀폰이 놓칠 리 없었다. 듀폰의 셀로판 판매 담당자는 셀로판으로 포장한 담배를 의도적으로 레이놀즈 회장 비서에게 건넸다. 담배는 알맞은 수분을 함유하고 있어 신선한 맛을 주었다. 약 3개월 후 레이놀즈의 회장은 비서에게 듀폰 직원이 남기고 간 담배가 아직 남았는지 물었다. 담배를 접한 비서는 3개월 전과 맛이 동일하다는 사실에 매우 놀라워했다. 이후 레이놀즈는 비밀리에 셀로판 포장지의 수분 유지 능력을 철저히 검사했고, 듀폰의 주장을 믿을 수 있게 되었다.

드디어 1931년 3월 1일에 레이놀즈는 셀로판으로 새롭게 포장한 카멜 담뱃갑을 대대적으로 광고했다. '카멜 담뱃갑에서 달라진 점은 무엇이고 그 변화가 흡연자들에게 어떤 이점이 있을까?'라는 질문에 가장 옳은 답변을 한 사람에게 2만 5천 달러의 상금을 지급하는 행사도 진행했다. 백만 개 이상의 응답지가 밀려들며 이벤트는 크게 흥행했고 광고 효과를 톡톡히 볼 수 있었다. 상금은 우유 배달원, 주부, 부동산 브로커에게 돌아갔다. 레이놀즈는 셀로판으로 포장한 카멜 담배를 맛보고 나니 이전까지 펴오던 럭키스트라이크 담배는 생각도 나지 않는다는 내용의 거짓 응답지를 써 광고에 사용하기도 했다. 필리핀계 잡일꾼이 쓴 것처럼 위장하기 위해 셀로판의 스펠링을 다르게 적기까지 했다. 대단한 광고 술책이었다.

럭키스트라이크도 가만히 있을 수는 없었다. 셀로판은 쉽게 찢기지 않는 장점이 있지만 그 때문에 셀로판 포장지를 벗기는 게 어려웠다. 럭키스트라이크는 담뱃갑 상단에 미세한 금을 새겨 넣은 뒤 그 밑에 가느다란 빨간색 표시줄을 달아 살짝만 잡아당겨도 셀로판 포장지를 쉽게 벗길 수 있게 했다.

셀로판의 유명세는 여기서 끝나지 않았다. 지금 보면 웃을 일이지만, 자동차 타이어가 셀로판으로 포장된 채 판매되었다. 피아노의 아름다운 소리를 보존하기 위해 습기를 막을 수 있는 셀로판으로 피아노 전체를 감싸 배달하는 일까지 벌어졌다. 식품, 담배, 의류, 수건, 화장품은 물론 타이어와 피아노까지 셀로판으로 포장하고, 나중에는 셀로판을 스카치테이프로도 사용하는 세상이 되었다. 셀로판 드레스를 입은 모델들이 광고에까지 등장했으니, 투명하고 반짝이는 셀로판이 소비자들에게 고급스러운 인상을 주기에 충분했다. 1960년대 들어 세계 셀로판 소비량은 연 2억 킬로그램에 달했다.

그러나 1960년대 후반에 들어서서 셀로판은 서리를 맞게 되었다. 저렴한 석유화학제품이 포장업계를 휩쓸었기 때문이다. 폴리에틸렌, PVC, 폴리프로필렌이 각종 포장 재료로 쓰이기 시작하면서 1970년대 후반에 셀로판의 소비는 급속히 감소했다. 그러나 셀로판은 탄생 100주년을 화려하게 기념할 수 있었다.

셀로판의 놀라운 귀환

에너지 위기는 셀로판의 존재를 계속 위협했다. 셀룰로스에서 셀로판을 얻기까지 드는 에너지 비용이 너무 크기 때문이었다. 그러나 1980년 대부터 시작된 적극적인 환경보호 운동과 친환경 제품을 선호하는 분위기가 마치 셀로판의 복귀를 기다리는 듯했다. 순수 셀로판은 30일 내에 모두 분해되는 우수한 생분해성을 지녔다. 생물에서 합성되는 고분자 화합물인 바이오폴리머가 생분해성, 지속 가능성 물질로 각광받으면서 고급스러운 이미지와 완성도 높은 생산기술까지 지닌 셀로판은 서서히 시장을 넓혀갔다. 앞으로 셀로판이 석유화학제품과 어떤 경쟁을 펼쳐나 갈지 관심을 두고 볼 일이다.

듀폰의 명품인 나일론이 천연섬유에 많은 자리를 내주었지만, 또 다른 명품인 셀로판은 되돌아오고 있다. 다시 한번 듀폰이 고분자 과학사에 미친 커다란 영향력에 대해 생각해 본다.

고유명사가 된 비닐

우리는 자주 '비닐 플라스틱'과 '비닐 제품'이라는 표현을 접하지만, 소비자들은 매우 혼란스럽다. 하수도 파이프용 비닐 같은 단단한 비닐이 있는가 하면 인조가죽, 전선 피복제와 비닐장갑처럼 부드러운 비닐도 있기 때문이다.

비닐의 바탕은 PVC(폴리염화비닐)라는 고분자 플라스틱이며 경질 PVC와 연질 PVC로 분류한다. PVC의 연간 생산량은 약 4천만 톤으로, 폴리에틸렌과 폴리프로필렌 다음으로 전 세계에서 가장 많이 생산되는 제품이다. 순수 PVC 자체는 단단하고 부러지기 쉬운 플라스틱으로 알코올에는 녹지 않으며, 테트라히드로푸란THF에 용해된다.

PVC의 탄생과 생산

1872년 독일의 화학자 오이겐 바우만은 플라스크에 염화비닐을 넣고 4주가 지나자 흰 가루가 생긴 것을 관찰했다. 이것이 PVC의 첫 탄생이었다. 이후 바우만은 튜빙겐대학교에서 비닐 화합물 연구로 박사학위를 취득하고 스트라스부르크, 베를린 연구소에서 일했다.

20세기 초 러시아 화학자 이반 오스트로미스렌스키와 독일의 화학자 프리츠 클라테가 PVC를 상품화하려 시도했으나 가공이 어려워 포기했다. 그 후 미국의 발명가 왈도 세몬과 굿리치 회사가 PVC에 가소제를 첨가해 연질 PVC를 만들면서 본격적으로 상용화되기 시작했다. 현재 세계에서 가장 큰 PVC 생산업체는 일본의 신에츠화학으로 전체 PVC의 약 30%를 생산한다. 다음으로 큰 업체는 대만의 포모사플라스틱이다.

PVC는 아래 화학구조가 보여주듯이 염화비닐 단위체를 중합시켜 만든다. 에틸렌에서 수소 하나가 제거된 화학구조를 '비닐 원자단'이라고 부른다. '비닐'이라는 명칭이 여기서 유래했다. PVC의 출발 단위체 구조를 보면 비닐기에 염소Cl가 결합하고 있기 때문에 염화비닐이라 부른다. PPV의 약 80%는 현탁 중합법, 12%는 유화 중합법, 8%는 괴상 중합법으로 제조한다. 어느 방식이든 라디칼 개시제radical initiator를 사용하는 라디칼 중합법이 함께 적용된다. 현탁 중합으로 얻을 수 있는 입자의 지름은 100~180μm, 유화 중합에서는 이보다 훨씬 작은 약 0.2μm

염화비닐의 화학구조

다. 시제품의 무게 평균 분자량은 10만~20만, 수 평균 분자량은 4만 5천~6만 4천이다. 질량의 경우 PVC의 57%가 염소로, 염소가 없는 폴리에틸렌과 매우 다른 특성을 보여준다.

PVC를 완성하는 첨가제

PVC를 제품화하기 위해서는 여러 가지 첨가제가 필요하다. 열 안정제, UV 안정제, 가공 보조제, 내충격제, 충진제, 연기 억제제, 가소제, 방염제, 발포제 등이 대표적인 예다.

가장 중요한 첨가제는 열 안정제로, PVC 가공 시 염화수소HCl의 발생을 최소화한다. 이 반응이 일단 시작되면 발생한 염화수소가 자가촉매작용을 한다. 특히 경질 PVC를 가공할 때 온도는 170°C 정도로 상당히 높아 열 안정제가 필수적이다. 열 안정제로는 메르캅티드 주석이 주로 사용된다. 납과 카드뮴도 쓰긴 하지만 독성 때문에 사용에 제약이 있다. 경우에 따라서는 두 개 또는 그 이상의 안정제들을 함께 사용한다. 혼합금속 안정제도 종종 쓰인다. 연질 PVC에는 스테아르산 칼슘이 자주 사용된다.

PVC는 용융 점성도가 커 가공이 어렵기 때문에 아크릴중합체라는 가공 보조제를 사용한다. 또 최종 제품의 내충격성을 강화하기 위해 아크릴 계통의 개선제와 메타크릴산메틸, 부타디엔, 스티렌공중합체, 염소화폴리에틸렌 등이 중요하게 쓰인다. PVC 제품들은 연소 시 연기를 많이 발생시키는데 보통 수산화 알루미늄을 사용해 연기의 생성을 감소시킨다.

단단함을 이기는 가소제의 힘

파이프는 대표적인 경질 PVC 제품으로 하수도 파이프 대부분이 그에 속한다. 경질 PVC는 산, 염, 염기, 지방, 알코올에 잘 견디고 수명도 50~70년 정도로 길어 하수도 파이프용으로 적합하다. 인조가죽, 전선 피복제, 벽지와 장판, 소파, 옷, 샤워커튼 등은 대표적인 연질 PVC 제품으로 우리 주위에서 쉽게 발견할 수 있다. 어떻게 해서 단단한 PVC 플라스틱이 부드러운 연질 제품으로 재탄생할 수 있을까? 답은 가소제에 있다.

가소제를 설명하기 전에 가소성의 의미를 알아야 한다. 가소성이란 어느 물체가 열이나 힘 등 외부적 요인을 받으면 영구적으로 변형되는 특성을 뜻한다. 열에 변형이 생길 때는 열가소성이라고 표현한다. PVC처럼 가열 가공이 가능한 플라스틱을 열가소성 플라스틱이라고 부르며 폴리에틸렌, 폴리스티렌 등도 열가소성 플라스틱이다.

경질 PVC에 가소제를 첨가하면 실온에서도 부드러운 연질 PVC가 만들어진다. 가소제가 유리 전이 온도를 낮추기 때문이다. 가소제는 프탈산에스테르, 아디프산에스테르, 트리멜리트산에스테르, 에폭시화 식물성 기름 등 매우 다양하다. 이 중에서는 프탈산에스테르가 가장 흔하게 사용된다. DEHP(디에틸헥실프탈산), DINP(디이소노닐프탈산), DIDP(디이소데실프탈산) 등이 여러 분야에 널리 사용되는 가소제들이다.

경질 PVC는 불에 잘 타지 않는 난연성 재료다. PVC에 들어있는 염소가 가연성을 감소시키기 때문이다. 그러나 가소제가 첨가되면 난연성이 줄어들므로 연질 PVC에는 추가적으로 난연제를 사용해야 한다. 난연제는 다양한 종류로 나뉘는데 무기계 난연제에는 수산화알루미늄과 삼산화안티몬, 유기계 난연제에는 인산트리페닐, 인산트리크레실, 할로겐계 난연제에는 염소화파라핀, 데카브로모디페닐에테르, 데카브로모디페닐에탄 등이 있다. 할로겐계 난연제들은 삼산화안티몬과 함께 사용하면 효과가 상승한다.

PVC 제품, 안전할까?

　PVC 제품들은 환경, 건강 등 여러 면에서 사회의 감시를 받고 있다. 특히 연질 PVC에 사용되는 가소제의 안전성에 의문이 계속되어 왔다. 상대적으로 저분자량인 가소제들은 환경뿐만 아니라 인체에도 해로울 수 있기 때문이다. 가소제는 의료 튜브에 약 80%, 혈액 주머니에는 약 40%까지 들어있다. 의료용 장갑에 연질 PVC가 널리 사용되어 왔으나 DEHP 가소제의 침출과 독성의 우려로 천연고무나 니트릴 고무로 대체할 것을 권하고 있다. DEHP에 비해 상대적으로 분자량이 큰 DIDP와 DINP는 침출이 어려워 좀 더 안전하다고 알려졌다. 그러나 EU에서는 어린이들의 장난감이나 보육용 장비에는 DINP의 사용을 제한하고 있다. 특히 입과 접촉하는 제품에는 어떤 종류의 가소제가 들어가는지 주의해야 한다.

　PVC 파이프 가공에 열 안정제를 사용하던 납 화합물들은 그 독성 때문에 사용이 금지되었으며, 더 안전한 열 안정제로 대체되고 있다. PVC 제조의 단위체인 염화비닐이 간암을 유발한다는 보고가 잇따랐으며, 그에 따라 PVC 제조·가공 시설에서 염화비닐의 노출을 엄격히 통제하고 있다.

　플라스틱 폐기물 소각 시 기형아 출산과 암의 원인인 다이옥신이 발생하는 이유와 폐기물에 들어있는 PVC 양에 연관성이 있다는 보고가 존재한다. 물론 무관하다는 연구 결과도 있어 확실치는 않지만, 환경과 건강을 우려하는 관계자들은 PVC의 소각을 부정적으로 보고 있다. 이러한 인식을 개선하기 위해 PVC를 재활용하는 기술이 많이 개발되었다. 예를 들면 수영장의 도장제, 구두 뒷굽, 천 코팅, 재생된 PVC 판과 같은 것들이다.

전 세계의 PVC 연 생산량은 4천만 톤이나 된다. 첨가제까지 포함하면 6천만 톤이다. 매해 이 많은 PVC 제품이 지구상에 쏟아져 나온다고 생각하면 환경과 인류 건강에 어떤 영향을 미치는지 생각해 봐야 한다. 따라서 현명한 PVC 제품 이용과 재활용, 폐기까지 전 사이클에 대해 생산자들과 소비자들이 똑같이 관심을 가져야 한다. 동시에 환경보호와 안정성이 보장되는 대체물 개발에도 노력이 필요하다. 즉 생산자, 소비자, 국가 전체가 지속 가능한 성장을 최우선으로 두는 태도가 필수적이다.

2장

신비하고 놀라운 화학

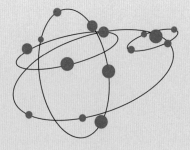

독성물질의 신비로운 마력, 호르메시스 논쟁

부모님께 자주 사드리는 종합비타민 성분을 자세히 살펴보면 저절로 입이 벌어진다. 크롬, 구리, 마그네슘, 니켈, 바나듐, 아연, 망간, 몰리브덴, 셀레늄, 붕소 등 독성이 강하다고 알려진 중금속들이 들어있지 않은가! 이게 어떻게 된 일일까? 중금속이 건강을 유지하는 데 필요하다는 말인가?

과음이 건강을 해친다는 사실은 이미 증명되었지만, 하루에 한두 잔 정도는 오히려 심혈관 질환 예방에 좋다는 말이 있다. 그뿐이 아니다. 동물 실험 결과, 약한 γ선 조사가 오히려 방사선 노출에 의한 백혈병에 저항력을 증가시켰다는 보고도 있다. 어쩌면 방사성 동위원소의 유용 가치가 크게 늘지도 모르겠다.

적당한 운동도 마찬가지다. 과도한 운동은 나이 든 사람에게 육체적 스트레스를 주고 부작용을 일으키지만, 약간의 스트레스는 신체를 건강하게 해 노화를 지연시킨다고 알려졌다. 소식하면 장수한다는 말도 같은 부류다.

'호르메시스hormesis'라는 단어가 있다. 낯설게 느껴지는 이 용어는 1943년 체스터 사우샘과 존 에를리히가 처음 사용한 개념으로, 아직 우리말로 대체할 적당한 표현을 찾지 못한 듯싶다. 호르메시스는 소량의 독성물질이나 스트레스가 보여주는 바람직한 생물·생리학적 반응을 뜻한다. 가끔 인터넷에서 '응내성'이라는 단어를 발견하는데, 아마도 약한 독성이나 스트레스에 감응하여 내성을 증가시키는 현상을 간단히 표현한 듯하다.

동종요법과 호르메시스

1888년 독일의 약학자 휴고 슐츠는 효모가 소량의 독성물질에 자극을 받으면 오히려 성장이 빨라진다고 주장했다. 이후 독일 의사 루돌프 아른트가 동물실험을 통해 슐츠의 주장을 뒷받침하면서 '아른트-슐츠Arndt-Schulz 법칙'을 탄생시켰다. 흥미롭게도 노벨상 수상자 로버트 코흐의 연구실에서 공부하던 페르디난트 후에프도 1896년에 아른트-슐츠 법칙의 중요성을 강조했다. 이들의 연구는 독일 라이프치히의 의사들에게 동종요법homepathy이라는 이름으로 번져나갔다. 동종요법은 질병과 동일한 증상을 일으키는 소량의 물질을 투약해 병을 치료한다는 개념이다. 예컨대 복통과 구토증을 호소하는 환자에게 소량의 비소를 투약하는 것과 같다. 비소중독도 같은 증상을 보여주기 때문이다.

그러나 동종요법에서 투약하는 독성물질의 양은 앞에서 잠깐 소개한 호르메시스 경우보다 훨씬 적으므로 이 둘을 동일시해서는 안 된다. 따라서 아른트와 슐츠가 호르메시스의 창시자라고 볼 수는 없다.

동종요법은 1920~1930년대를 거치며 신빙성을 의심받았고, 의료계에서 점차 모습을 감췄다. 다른 한편에서는 1898년에 발견된 X선이나 라디움 같은 방사성 동위원소를 치료제로 사용하고 있었다. 그러던 중 1932년 3월, 미국의 유명한 실업가 에벤 바이어스가 라디움 치료를 받다가 골수암으로 사망한 사실이 알려지면서 방사선 호르메시스도 끝을 맺었다. 그 후 환경보호 운동가들이 DDT 살충제와 다이옥신 같은 독성물질의 위험성을 강조함에 따라 동종요법과 호르메시스는 사라지는 듯했다. 그러나 에드워드 칼라브리즈라는 화학독성학자의 노력으로 호르메시스를 향한 관심이 다시 늘어났다. 칼라브리즈는 현재 미국 매사추세츠대학교의 공공보건학 교수다.

호르메시스의 놀라운 효과

어느 날, 정원에 무성한 잡초가 거슬렸던 필자는 잡초제거제를 뿌리기로 했다. 그런데 잡초제거제가 제법 비싸 권장량보다 훨씬 적게 살포하고는 효과를 기다렸다. 아뿔싸! 잡초들이 시들기는커녕 오히려 더 왕성히 자라는 느낌이었다. 그 후 지시사항대로 양을 늘리니 그제야 잡초들이 시들어 죽었다. 나중에 칼라브리즈의 이야기를 읽으며 이 같은 경험이 헛된 망상이 아님을 확인했다.

칼라브리즈는 1960년대 매사추세츠주 브리지워터주립대학교 학생 시절, 박하에 인과 염소가 포함된 포스폰phosfon이라는 식물 성장 방지제를 살포하는 실험을 했다. 결과는 놀라웠다. 박하가 오히려 더 잘 자라는 것이 아닌가? 담당 교수인 케네스 하우도 놀랄 수밖에 없었다. 곧 실험에 사용된 포스폰이 지나치게 묽어서 생긴 현상임을 깨달았다. 칼라브리즈는 포스폰의 농도를 바꾸어가며 같은 실험을 철저히 반복했다. 아니나 다를까 묽은 포스폰은 박하의 성장을 촉진했지만 고농도에서는 박하들이 시들어 버렸다. 칼라브리즈와 하우 교수는 1976년에 이 결과를 논문으로 발표했다. 이후 다른 식물의 성장에도 포스폰이 자극제 노릇을 한다는 보고가 있었음을 알았다.

화학적 호르메시스뿐만 아니라 방사선 호르메시스도 다시 사람들의 관심을 끌기 시작했다. 급기야 1989년에 〈사이언스〉는 호르메시스에 관한 글을 실었다. 방사선 호르메시스에 관심이 많았던 레너드 세이건은 칼라브리즈에게 자신이 조직한 학술대회에서 화학적 호르메시스에 관한 연구 발표를 해달라고 요청했다. 이듬해 칼라브리즈는 강의를 나가던 매사추세츠대학교에 10여 명의 과학자를 초청했고, 그들과 호르메시스 연구에 몰두했다. 이와 함께 '저수준 노출에 대한 생물학적 효과'를 다루는 학술회의를 매년 개최하고 있다. 2011년 4월 미국 매사추세츠주에서 열 번째 학회가 진행되었다.

독이 든 성배를 마시다

1943년 사우샘과 에를리히가 호르메시스라는 표현을 처음으로 사용한 계기는 나무에 해로운 버섯류의 성장을 막기 위해 천연항생제를 주사하면서다. 이들은 적삼목에서 추출한 천연항생제를 필요량보다 적게 사용했을 때 균류의 성장이 오히려 촉진된다는 사실을 발견했다.

제2차 세계대전 후반기에 미국은 항생제 부족을 해결하기 위한 묘안을 찾고 있었다. 궁여지책으로 권장량 이하로 사용량을 조절할 것을 검토했다. 그러나 몇몇 연구자들은 이 의견에 동의하지 않았다. 권장 사용량보다 항생제 복용량을 낮추면 병균들이 오히려 더 왕성하게 자란다는 연구 결과가 있었기 때문이다.

호르메시스의 권위자였던 토머스 루키는 1956년 항생제를 가금류의 성장촉진제로 사용하는 연구를 수행했다. 그 후 다른 연구자들도 조개와 굴의 배아나 유충이 성장하는 데 소량의 농약이 촉진제 노릇을 한다고 보고했다. 이런 결과에도 불구하고 충분한 과학적 설명이 불가능해 호르메시스에 관한 관심은 사라지는 듯했다.

현재는 칼라브리즈와 생각을 같이하는 과학자들의 노력으로 호르메시스 이론이 지지받는 추세다. 박테리아, 곤충, 식물, 물고기 등 다양한 생물계에서는 이미 호르메시스가 관찰되고 있으며, 포유류의 경우 아직 논란이 많지만 지지층이 점차 두터워지고 있다.

칼라브리즈와 볼드원은 2003년에 '독성학의 중심원리를 다시 생각하다'라는 제목의 글을 〈네이처〉에 실었다. 그는 호르메시스는 생물학 전역에서 투약량-반응에 대한 패러다임의 변화를 말해준다는 결론을 내렸다. 같은 해에 〈사이언스〉는 '독이 든 성배를 마시다'라는 제목으로 칼라브리즈의 주장을 조사한 4쪽가량의 기사를 실었고, '과학계에서 믿지 않던 호르메시스가 놀랍게도 되돌아오고 있다'라고 논평했다. 연이어 〈포춘〉, 〈U.S. 뉴스 & 월드 리포트〉 등도 이 내용을 중요하게 다뤘다.

초창기에는 중금속이나 인처럼 생명체가 필요로 하는 소량의 원소를 공급했기 때문에 호르메시스가 관찰된다고 생각했다. 그러나 복용량을 매우 낮은 수준으로 낮출 때 호르메시스가 대부분 발견되었으므로 새로운 법칙이라고 주장하는 과학자도 있다.

지금부터 호르메시스의 몇 가지 예를 살펴보자.

알코올

소량의 알코올 섭취는 심장병과 뇌졸중 방지에 좋다고 알려졌다. 최근에 UCLA의 한 연구팀은 생물실험에서 자주 사용하는 예쁜 꼬마선충의 수명이 소량의 알코올에 의해 두 배로 증가함을 발견했다. 알코올양을 기존의 0.005%에서 0.4%로 늘렸을 때는 효과가 없었다. 카페인과 니코틴도 결과는 동일했다. 물론 이들은 고농도에서는 독성을 지닌다.

메틸수은

2010년에 게리 하인즈는 〈환경독성학 & 화학〉지에 놀랄만한 논문을 발표했다. 이들은 물오리에게 소량의 메틸수은을 먹였을 때 물오리의 알 부화 속도가 높아졌으며, 이는 틀림없는 호르메시스 현상이라고 주장했다. 그러면서도 실험에 사용한 물오리들이 애초에 감염되어 있었고, 메틸수은이 감염을 없앴기 때문이라는 가능성을 완전히 배제하지는 않았다.

노화 감속과 수명 연장

세포나 기관이 약한 스트레스에 노출되면 적응능력이 향상되어 여러 가지 생물학적 이점이 생긴다고 믿는 화학자들이 많다. 약한 스트레스를 주는 가장 간단한 방법은 가벼운 운동의 반복과 소식이다. 이런 생활 방식은 노화를 느리게 하고 수명을 연장한다고 알려졌다. 일부 약초나 양념을 소량만 섭취하는 것도 호르메시스 현상을 보여준다.

방사선 호르메시스

방사선 호르메시스란 자연적인 수준보다 약간 강한 방사선을 쬐면 생체의 복구 메커니즘이 활성화된다는 주장이다. 세계적으로 유명한 유방암 전문가 미나 비셀은 방사선이 DNA 복구 메커니즘을 더 활발하게 해준다고 믿는다. 우리는 항시 자연계 라돈 방사선에 노출되어 있는데, 미국의 한 연구진도 자연방사선 수준보다 약간 높은 방사선에 노출되면 폐암에 걸릴 위험이 감소한다는 내용을 발표했다. 동물실험의 경우 저수준의 γ선 노출이 오히려 방사선에 의한 암 발병률을 낮춘다는 보고는 종종 있었다. 사람의 경우는 실험이 어려워 제한된 연구 결과만 존재하므로 확실히 결론을 내리기 어렵다.

다이옥신의 두 얼굴

아래는 암 발병과 기형아 탄생의 원인인 다이옥신이 전 세계를 공포로 몰아넣은 사건들이다.

+ 1967~1970년 베트남 전쟁에서 미군이 살포한 고엽제 속에 있던 다이옥신으로 수백만 명이 후유증을 겪은 사건
+ 1976년 이탈리아 세베소의 화학 공장 폭발로 다이옥신이 퍼진 사건
+ 1940년대부터 후커 화학 회사가 미국 나이아가라 폭포 근처 운하에 매립했던 폐기물에서 1970년대 말 다이옥신이 흘러나와 미국을 뒤흔든 러브 운하 사건

다이옥신의 독성이 얼마나 큰지 알게 되자 미국의 질병컨트롤센터CDC는 다이옥신의 허용량을 1ppb로 정했다. 이는 100만 명이 평생 1ppb의 다이옥신에 노출되면 그렇지 않은 경우보다 암에 걸리는 사람이 한 명 더 늘어난다는 추론에 근거한 수치였다. 그러나 복용량과 위험 사이에 선형 관계가 성립한다는 가정에서 출발한 접근법이 얼마나 잘못되었는지는 곧 판명됐다.

세베소 공장 폭발 시 약 360만㎡가 다이옥신으로 오염되었으며, 다이옥신 오염도는 500ppb나 되었다. CDC 기준의 500배가 넘는 수치였다. 그러나 주민들의 병력을 면밀하게 검토한 결과 이상 증후를 발견하지 못했다. 1991년에 미국의 환경보호청EPA은 다이옥신의 독성을 재검토했다. 현재로는 다이옥신이 석면, 라돈, 니켈, 크롬 화합물이나 흡연보다 훨씬 독성이 낮은 것으로 밝혀졌다. 사실 인류는 이 지구에 태어날 때부터 다이옥신에 노출돼 그에 대한 대항력이 큰 편이다. 산불이 가장 큰 다이옥신 배출처라는 사실을 알면 모두 놀랄 것이다. 더구나 호르메시스 신봉자들에게 힘을 실어주는 연구 결과가 쌓이고 있다. 실험용 쥐 사료에 다이옥신을 소량 첨가했더니 발암률이 눈에 띄게 감소한 것이다. 다이옥신이 암으로부터 쥐를 보호한다니, 이 얼마나 신기한 일인가.

죽음을 체험한 사람들

십수 년 전 타계한 선친께 있었던 일이다. 어느 날 갑자기 심하게 코피를 흘리셨는데 지혈이 되지 않아 급기야 병원에 입원하셔야 했다. 그런데 치료를 받던 중 정신을 놓으시는 사태가 벌어졌다. 다행히 잠시 안정을 취한 후 깨어나셨는데 이렇게 말씀하셨다.

"죽을 때도 이랬으면 좋겠네. 갑자기 아무 소리도 안 들리는 고요 속으로 빠져들더니 평화롭고 따사로운 온기가 나를 감싸는 게야. 그러자 영롱한 빛깔의 구름으로 가득 찬 세상이 눈앞에 펼쳐지더라고."

약 2~3분의 짧은 시간 동안 '죽음의 세계'를 다녀오신 걸까? 죽음 후에 맞이할 세상을 미리 경험하신 걸까? 가끔 우리는 이와 유사한 사연을 직간접적으로 듣는다. 바로 근사체험Near-Death Experience, NDE에 관한 이야기다. 이 글을 준비하면서 읽어본 근사체험 경험자들의 진술이 아버님께 들은 경험담과 유사한 점이 많아 매우 놀라웠다.

근사체험은 의학자, 철학자, 심리학자, 종교학자 들이 죽으면 가게 될 새로운 세상이나 내세의 진실을 설명하기 위해 이용되었으나, 그 누구도 근사체험을 종합적으로 이해하지는 못했다. 그러나 근사체험자들이 경험했다고 털어놓은 내용에는 인종, 나이, 성별, 종교를 초월하여 다음과 같은 공통점이 있었다.

+ **죽어있음을 인식함**
+ **평화롭고 안락하며 행복함**
+ **통증이 느껴지지 않음**
+ **유체이탈**
+ **밝은 빛이 나오는 터널을 만남**
+ **생의 회고, 우주 본질의 이해**

근사체험과 유체이탈

근사체험을 연구할 때 가장 먼저 부딪히는 난관은 근사의 정의다. 죽음과 임종을 연구한 엘리자베스 퀴블러 로스는 '죽음의 5단계'를 제안한 인물로 유명하다.

부정 → 분노 → 타협 → 우울 → 수긍

그녀는 죽음이 임박한 사람들은 이 다섯 단계를 거치며 죽음을 맞이하고, 죽음을 앞둔 사람의 유족들도 같은 경험을 한다고 주장했다. 퀴블러 로스는 스위스 태생으로 미국에 건너가 콜로라도대학교의 의과대 교수, 시카고대학교 의과대학의 정신학 교수 등을 거치면서 임종에 관한 연구를 이끌었다. 그녀의 저서 〈죽음과 임종〉은 매우 유명하다. 특히 그녀는 유체이탈이 죽음 이후의 삶이 존재한다는 증거라고 주장했다. 따라서 죽음이란 존재하지 않으며 '죽음은 경계를 통과하는 여러 방식 중 한 가지일 따름'이라고 믿었다.

한편, 미국의 의사이자 심리학자, 철학자, 작가이기도 한 레이먼드 무디는 근사체험이라는 용어를 처음 사용한 인물로, 현대 근사체험의 아버지라고 불린다. 그의 저서 〈다시 산다는 것〉은 세계적으로 1,300만 부나 판매되었다. 그가 의사, 간호사, 환자에게 전해 들은 근사체험에 관한 증언과 일화를 종합하면 다음과 같다.

+ 윙윙거리거나 울리는 소리
+ 더없이 행복하고 평화로운 느낌
+ 유체이탈 후 공중에 떠서 유체를 보는 느낌
+ 터널을 통해 밝은 빛 속으로 이동함
+ 죽은 사람들과 만남

+ 눈앞에 지나온 삶이 펼쳐짐

+ 이탈한 유체로 다시 귀속되기 싫어함

미국 코네티컷대학교의 명예교수인 케네스 링 교수는 근사체험 연구에 심취한 심리학자로, 〈근사연구학술지〉의 창립 편집인이기도 했다. 그는 1980년에 발간한 저서 〈죽을 때의 생〉에서 근사체험은 다음과 같이 다섯 단계로 진전된다고 주장했다.

평화 → 유체이탈 → 암흑세계 진입 → 빛을 봄 → 밝은 빛 속으로 진입

그렇다면 어떤 경우에 사람들이 근사체험을 겪을까? 근사체험으로 보고되는 상황은 여러 가지가 있지만, 다음과 같은 경우가 대부분을 차지한다. 쉽게 말해 '죽었다가 다시 살아났다'라고 보고되는 사람들은 근사체험의 연구 대상이다.

+ **심근경색에 의한 심정지**

+ **심한 산후 출혈 및 수술 부작용에 기인한 쇼크**

+ **패혈 및 과민성 쇼크**

+ **전기적 쇼크**

+ **외상에 의한 뇌 손상에 따른 혼수상태**

+ **뇌출혈 및 뇌경색**

+ 자살 기도

+ 익사나 질식 직전의 급성 무호흡 상태

+ 심한 우울증에 의한 혼수상태

근사체험의 다양성

앞에서 근사체험의 공통점을 설명했다. 그러나 근사체험을 경험한 사람들의 이야기를 자세히 살펴보면 공통점만큼이나 차이점도 많다. 네덜란드의 핌 반 롬멜은 13년에 걸쳐 진행한 연구에서 심폐소생술을 받고 살아난 환자 344명 중 약 12%만이 근사체험을 경험했다는 결과를 얻었다. 젊은 환자일수록 근사체험을 언급했으며, 근사체험 경험자들이 그렇지 않은 환자들보다 삶의 중요성을 인정했다.

지금까지 보고된 근사체험 중에는 악몽 같거나 공포스러운 내용, 암흑 속을 헤매거나 침울한 경험 등도 있다. 그러나 이러한 진술은 그들의 삶이나 경험과는 별로 관계가 없다. 브루스 그레이슨을 포함한 일부 연구자들은 종교적인 삶, 심리 치료, 자살 기도, 가까운 사람의 죽음 목격 등의 실제 경험과 근사체험 사이에는 아무런 관계가 없다고 주장한다. 앞에서 언급한 링 교수의 근사체험 다섯 단계 중 첫 단계(평화)를 경험한 비율은 60%였으나, 마지막 단계(밝은 빛 속으로 진입) 경험은 약 10%밖에 되지 않았다. 그레이슨에 따르면 근사체험을 겪은 사람들의 기억은 세월이 지나도 지워지지 않고 그대로 남아 있으며, 그 내용도 변하지 않는다고 한다.

　동양인과 서양인들의 근사체험에는 차이가 있을까? 생활환경과 역사, 유전적 배경, 생명관도 다른 동·서양인의 근사체험에 어떤 차이점이 있는가는 흥미로운 질문이다. 미국 〈신장병학회지〉는 이 의문에 관해 재미난 연구결과를 실었다. 연구자들은 대만 타이베이의 7개 병원에서 신장병으로 혈액 투석을 받았던 환자 약 700명을 상대로 근사체험 여부와 경험 후 삶에 어떤 변화가 있었는지 조사했다. 그 결과는 서양인을 대상으로 한 연구와 매우 유사했다. 즉 동·서양인들의 근사체험은 큰 차이가 없다는 결론이었다. 연구에서 흥미로운 점은 근사체험을 경험한 시각장애인 일부가 유체이탈 중에는 앞을 볼 수 있었다고 진술한 점이다. 몇몇 청각장애인 근사체험자도 의사나 주위 사람들의 말이나 소리를 들었다고 증언했다. 자기가 어렸을 때 시력을 잃어 보지 못한 동생의 얼굴을 근사체험 중에 보았다는 특이한 사례도 있다.

최근 근사체험 연구

　근사체험에 관한 연구는 인지신경과학자들의 영역이지만 전통적으로 의학·심리학·정신의학자들이 연구를 수행해왔다. 이 분야의 현대적 연구는 앞에서 언급한 무디의 책이 일반인들에게 관심을 끌면서 활발해졌다. 1981년에는 이런 상황을 반영하듯 국제근사연구협회IANDS가 출범했으며, 1982년부터 〈근사연구학술지〉를 간행하고 있다. 현재 근사체험 관련 연구 논문은 〈근사연구학술지〉 이외에도 〈랜싯〉을 포함해 몇몇 학술지가 다루고 있다. 그러나 〈네이처〉, 〈인지신경과학〉에서는 근사체험에 관한 논문들을 배제하고 있다. 이는 아직도 근사체험 연구의 학문적 가치를 모든 학계가 인정하지는 않는다는 점을 보여준다.

전 세계 약 55개 연구팀이 1975~2005년에 걸쳐 미국, 유럽, 아시아의 근사체험 경험자 3,500여 명을 연구한 결과물이 2009년에 발간되었다. 〈근사체험 안내서: 30년간의 조사〉라는 제목의 이 책은 홀든, 그레이슨, 데비 제임스가 편집했다. 미국, 영국 등의 25개 주요 의료센터가 참가한 대형 연구가 4년에 걸쳐 이루어진 끝에 제 1단계 보고가 〈소생〉이라는 학술지에 실렸다. 이는 미국 뉴욕주의 스토니브룩 의료센터의 교수이자, 임상사Clinical death가 진행되는 동안 인간의 마음과 의식 사이를 연구한 분야에서 세계적인 의학자로 꼽히는 샘 파르니아 박사와 영국 사우스햄튼대학교 연구팀이 공동으로 수행했다. 연구의 첫 단계는 심장박동이 정지되었던 환자 2,060명 중 소생한 140명의 결과를 종합한 것이다. 그중 9%가 근사체험을 겪었고, 2%는 심폐소생술이 진행된 현장을 '보거나' 소리를 '들었다'고 진술했다. 즉, 그들은 유체이탈을 기억하고 있었다. 이 보고서는 뇌의 기능이 정지된 기간 동안 의식이 존재한다고 결론 내렸다.

방사선 종양학자 제프리 롱은 1978년에 근사체험연구재단NDERF을 설립했다. 그는 1,000명이 넘는 근사체험자의 증언을 확인하는 연구를 수행했다. 그의 저서 〈내세의 증거: 근사체험 과학〉은 베스트셀러가 되었다. 롱이 운영하는 웹사이트(www.nderf.org)는 한글로도 볼 수 있다.

앞에서 이미 언급했듯이 근사체험의 과학적 설명은 여러 갈래로 나뉜다. 일부는 죽음을 앞둔 인간이 공포나 심한 통증을 겪을 때 경험하는 환각 상태로 간주하면서 근사체험 연구 자체를 무시하려는 경향을 보인다. 이런 환각이 실제로 일어나는 이유를 뇌과학의 측면에서 이해할 수 있다면, 인간의 기억 형성과 유지를 과학적으로 밝히는 첫걸음이 될 것이다.

근사체험은 왜 발생할까?

사람의 죽음은 언제부터라고 판단할까? 다시 말해, 죽음의 파라미터는 어떻게 정할까? 심장박동이 정지된 때, 심전도에 심장박동 전기 신호가 완전히 사라졌을 때부터 임상사로 본다. 임상사는 심폐소생술로 소생이 가능하다. 그러나 이 단계에서 혈액순환, 즉 산소의 체내 순환은 정지된다. 스스로 산소를 저장할 능력이 없는 뇌는 질식하기 시작해 결국 뇌사에 빠지는데, 이 때를 생물학적 죽음의 시점으로 본다. 이렇게 되면 뇌파 기록장치가 그리는 뇌전도가 평평해진다.

임상사와 생물학적 죽음의 사이에는 대략 6분의 시간 간격이 있으며, 죽어가는 뇌는 그동안 여러 가지 복잡한 경험을 한다. 그중에는 근사체험도 있다. 생리학적 이론에서는 근사체험의 요인으로 뇌의 저산소증, 무산소증, 고탄산증, 엔도르핀과 기타 신경전달물질, 측두엽의 비정상적 활동 등을 꼽는다.

1980년대 초 신경정신학자 다니엘 카는 죽음에 가까워지면 뇌에서 펩티드 호르몬인 엔도르핀이 방출되기 때문에 근사체험 시 평화롭고 안락한 기분을 느낀다고 주장했다. 엔도르핀은 체내에서 만들어짐을 뜻하는 '엔도지너스endogenous'와 '모르핀morphin'의 복합어다. 한 예로 β-엔도르핀은 아미노산 31개가 결합된 폴리펩티드다. 엔도르핀의 첫 번째 다섯 아미노산의 단위는 엔케팔린 사슬의 다섯 아미노산과 동일하다. 그리스어로 '두뇌 내에서'를 의미하는 엔케팔린은 마취효과가 있는 펜타펩티드 호르몬이다. 엔케팔린과 엔도르핀은 운동선수들이 경험하는 '황홀한 느낌'의 원인으로도 알려졌다. 다니엘 카는 심각한 육체적 외상을 입거나 죽음을 앞두고 극도의 두려움과 스트레스를 느낄 때 이를 완화하기 위해 우리 뇌가 엔도르핀을 방출한다고 주장했다. 동물 중에서도 특히 쥐를 대상으로 한 실험에서 심장박동이 정지된 직후에 두뇌 활동이 일시적으로 급상승함이 관찰되었다.

1987년에 두 칠레 과학자가 대뇌 변연계의 신경전달물질 방출 모델을 근사체험 설명에 적용했다. 이 모델은 여러 과학자에게 확산되었으나, 곧 큰 오류가 발견되었다. 바로 마약 중독자와 마약으로 환각을 경험한 환자들이 유체이탈을 겪지 않았다는 점이다. 워싱턴대학교의 멜빈 모스 박사는 저산소증과 고탄산증을 경험한 환자들도 근사체험과 무관함을 밝혔다. 그는 중추신경계에서 방출되는 신경전달물질인 세로토닌에 기초한 모델을 제안했다. 기억을 관장하는 측두엽 내 신경연결 부분을 세로토닌이 활성화시키기 때문에 근사체험이 발생한다고 생각했기 때문이다.

측두엽 내에는 전기적 자극을 통해 유체이탈을 유발하는 신경 연결로가 있다는 분명한 증거가 있다. 측두엽은 세로토닌과 관련된 신경 단위들에 의해 중뇌의 등쪽솔기핵과 대뇌의 해마와 연결되어 있다. 등쪽솔기핵 뉴런은 학습, 기억, 정서 등 여러 가지 심리적 기능을 제어하는 신경전달물질을 이용한다. 해마는 뇌 속의 중앙정보처리 장소로서 의식에 관여한다. 심리적 스트레스와 심리활성제는 이 영역에서 신경화학적 영향을 보여주며, 이는 주로 세로토닌이 좌우한다고 믿는다.

칼 잔센은 신경전달물질이 근사체험에 관여함을 증명하기 위해 케타민을 정맥에 주입해 근사체험이 유도됨을 보여주었다. 진통제, 마취제, 항우울제로 쓰이는 케타민은 몽환 상태를 유발한다. 이밖에 LSD나 대마 같은 환각제도 근사체험을 유도한다는 보고가 있으나, 이에 대한 반론도 만만치 않다. 세로토닌과 화학구조가 매우 유사한 N,N-디메틸트립타민이 임사 시 뇌의 송과선에서 대량으로 방출되면서 근사체험을 유발한다는 주장도 있다.

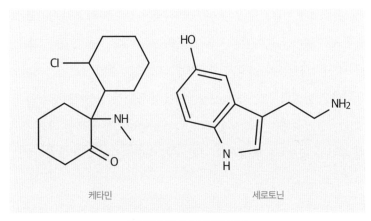

케타민   세로토닌

케타민과 세로토닌의 화학구조

 심장박동이 멈추면 두뇌에 산소 결핍이 발생하는데, 그 결과 혈액 내의 이산화탄소량이 증가해 고탄산증이 나타난다. 여러 실험 결과에 따르면 이때 두뇌의 화학적 평형이 파괴되기 때문에 무언가 보고 있다는 느낌을 유발한다는 주장도 꽤 많은 지지를 받고 있다. 좌측 측두엽의 활발한 활동이 환각, 유체이탈, 기억의 재현 등과 밀접한 관계가 있음은 분명해 보인다.

 근사체험에 관한 연구는 비교적 활발히 진행되고 있지만 아직도 의학계는 이 분야를 정통 의학으로 받아들이지 않는다. 그 배경에는 여러 가지가 있겠으나, 가장 큰 이유는 근사체험 연구가 직접적인 실증보다는 근사체험 경험자들의 진술과 기억에 의존하기 때문이다. 물론 생명을 잃어가는 사람을 상대로 직접적인 실험을 진행하기란 쉬운 일이 아니다.

필자의 흥미를 가장 끌었던 보고는 임사 시 우리 두뇌에서 전기적 신호와 신경전달물질의 배출이 짧은 시간 동안 급격히 증가한다는 내용이다. 이는 우리가 과학적 이해를 통해 생리화학의 관점에서 뇌사와 의식의 관계를 연결할 수 있어야 함을 의미한다. 근사체험은 사람들의 관심과 흥미를 끌지만 과학적 연구는 매우 미진하다. 현재로서는 세로토닌설과 이산화탄소 과잉증 정도가 일부 설득력을 얻고 있다. 우리는 죽음을 앞둔 사람들이 갑자기 눈을 떠 잠시 주위를 둘러보았다느니, 짧은 유언을 남겼다느니, 빙그레 웃는 표정을 지었다느니 하는 등의 이야기를 가끔 듣는다. 역사 속 인물들도 죽기 직전에 유언을 전하지 않던가. 이런 이야기들이 사실이라면, 아마도 임사 시 일어나는 두뇌의 여러 가지 신경생리 및 신경화학적 현상과 관련이 있지 않을까 싶다. 세상에는 아직도 우리가 모르는 것이 너무나 많다.

미라와 사체를 탐하는 인간들

2000년대 들어 우리나라 곳곳에 미라가 발견되면서 큰 관심을 끌었다. 특히 미라는 장례 문화, 사망 시기와 원인, 미라가 형성되는 환경 등 역사, 의학, 음식과 복식 문화, 환경 측면에서 학술 가치가 커 중요성이 강조됐다. 현재까지 우리나라에서 발견된 미라는 모두 조선 시대 무덤에서 나온 것으로, 가장 오래된 미라는 2004년 5월 대전 중구에서 발굴된 '학봉장군 미라'다. 이 미라는 600여 년 전에 매장되었으며 폐 질환으로 사망한 40대 초반 남성으로 추정된다. 2002년 경기도 파주시에서 발견된 '파평윤씨 미라'는 440여 년 전에 사망한 23세 여인의 미라로, 놀라운 점은 배 속에 태아가 남아있었다는 것이다. 이는 세계 최초의 발견이었다. 이 묘에는 의상 등 부장품이 많아 큰 관심을 끌었다. 고려대학교 구로병원 연구진은 이 여인이 출산 중 자궁파열이 발생해 과다

출혈로 사망했을 것이라 결론 내렸다. 현재까지 발견된 미라 중에는 후손들의 요청에 따라 재매장되거나 화장된 경우도 있었다. 미라를 과학적으로 분석하는 방법으로는 탄소연대추정, CT·MRI·X선 촬영, 내시경 검사, DNA 분석, 기타 화학 분석법이 있다.

미라에 대한 우리나라의 관심 내용과는 달리 서양에서는 미라와 사체가 특별한 용도에 사용되었다. 마리엘 카는 미국의 과학사연구소에서 발간하는 〈케미컬헤리티지〉에 '미라와 죽음의 유용성'이라는 논문을 실었다. 이 논문에서 그는 최근까지 인류가 미라와 사체를 어떻게 이용해 왔는지 설명했다. 이제부터 할 이야기는 해당 글 일부를 참고했으나 필자의 의견이 많이 가미되었음을 미리 밝힌다.

유럽 화가 중에는 이집트 미라를 분말로 만들어 유화물감으로 사용한 예가 많았다고 한다. 이런 관행은 16세기부터 19세기에 걸쳐 행해졌으며, 미라 분말은 갈색 계통 물감의 원료가 되어 밝은 갈색부터 어두운 갈색이 들어간 그림에 사용됐다. 대표적인 그림으로 프랑스 화가 마틴 드롤링의 '어느 부엌의 내부'가 있다. 여기에 사용된 갈색 물감은 이집트 미라에서 추출된 것으로 추정된다.

미라 분말은 화가들에게만 유용한 것이 아니었다. 16세기 유럽의 약국에서는 이집트 미라의 분절과 분말을 쉽게 볼 수 있었다. 당시 사람들은 미라를 약재로 여겼던 것으로 보여진다. 역청을 의약품으로 사용한 고대 기록에서부터 미라의 기원을 찾기도 한다. 역청과 미라의 의학

마틴 드롤링의 '어느 부엌의 내부'

적 가치를 함께 믿었으리라고 추정되는 대목이다. 일부 미라 표면에서 역청이 검출되는데, 이는 사체의 부패를 방지하기 위해 역청을 사용했기 때문이다.

우리는 이집트 미라를 이야기할 때 흔히 투탕카멘으로 대표되는 이집트 왕족의 잘 보관된 미라를 떠올린다. 하지만 가장 오래된 미라는 이집트의 건조한 사막 밑에서 5000년 이상 묻혀 보존된 이름 모를 이집트인들이다. 고대 이집트인들은 이런 자연의 능력을 모방해 인공적으로 미라를 만들어 왕족을 영구 보존하려 했다. 기록에 따르면 서기 2600여 년 전, 4대 왕조 초기에 이르러 사체의 방부보존법이 등장했다.

고대 그리스의 역사가 헤로도토스에 의하면 몰약, 계피, 삼목유, 검, 방향 향신료, 나트론 등이 서기 5세기 전에 쓰였으며, 이후 역청이 사용되었다고 한다. 역청은 보존능력이 우수할 뿐 아니라, 특유의 검은 색깔이 이집트 저승의 신 오시리스를 상징해 내세의 삶과 부활의 염원을 의미했다고 전해진다. 원래 미라화는 왕족들만의 풍습이었으나, 프톨레마이오스 왕조와 로마 시대에 이르러서는 귀족계급은 물론 부유한 일반인에게도 미라화가 퍼졌다. 이때 이집트에 살던 로마인과 그리스인들도 상당수 미라화되었다.

미라를 만드는 화학적 방법

2011년, 영국 BBC의 '알란의 미라화: 이집트의 마지막 비밀'이라는 다큐멘터리가 세계의 이목을 집중시켰다. 그때까지만 해도 이집트 18대 왕조의 미라화 방법이 인간에게 재현된 적이 없었기 때문이다. 영국의 택시 기사였던 61세의 알란 빌리스는 2008년 폐암 말기 진단을 받고 자신의 몸을 기증했다. 물론 그는 자기 시체가 어떤 용도로 쓰일지 전혀 몰랐다.

알란 미라화는 영국의 고고화학자 스티븐 버클리의 몫이 되었다. 그는 이전에 돼지를 미라화하는 데 성공했었다. 알란은 2011년 1월에 사망했으며, 버클리와 그의 팀은 약 7개월에 걸쳐 그의 시체를 미라화했다. 버클리는 미라화 방법이 투탕카멘이 지배하던 시대인 이집트 18대 왕조에서 완성되었다고 주장했다. 따라서 버클리는 이 시대에 사용됐던 방법으로 미라화를 시도했다. 이들은 시체의 복부를 열어 심장과 뇌만 남기고 모든 장기를 제거했다. 이는 심장이 지능의 원천이라 여겼던 이집트 사람들의 믿음에 따른 것이다. 뇌는 가장 잘 보존된 이집트 미라에서도 발견된다. 버클리팀은 장기가 제거된 공간을 알코올 혼합물로 살균했다. 옛날에는 야자로 담근 술을 사용했다고 한다. 그런 다음 향신료, 몰약, 톱밥이 들어있는 아마포 가루로 속을 채운 뒤 복부를 밀랍으로 봉합했다.

버클리팀은 시체를 탄산나트륨, 탄산수소나트륨, 소금, 황산나트륨 혼합 용매에 장시간 담가두었다. 이집트에서는 천연 나트론을 사용했다고 알려져 있다. 이 과정은 효소를 파괴하고 박테리아를 무력화시킨다. 사체의 모양이 유지되려면 수분이 필요하다. 물론 최종적으로는 건조한 다음 부패하지 않도록 표면을 방부 처리해야 한다. 다큐멘터리가 방영된 후 나중에 자신의 시신도 미라화가 가능한지 사람들로부터 문의가 왔다. 이는 내세에서도 현세의 몸을 계속 지니고 싶은 인간의 욕망을 보여주는 것은 아닐까 싶다.

현대인을 미라화한 사람은 버클리만이 아니다. 미국 유타주 솔트레이크시에는 장례식장 운영권을 소유한 서멈이라는 종교단체가 있다. 이들은 미라를 만드는 데 약 6만 7천 달러를 받는다. 지구상에 존재하는 유일한 미라화 시설로 알려진 곳이다. 미국의 평균 장례비용과 화장

비보다 미라화는 훨씬 비싼 편이다. 서멈의 미라화 과정은 정확히 알려지지 않았지만, 고대 이집트의 미라화 기술과 유사한 방법을 사용한다고 추측된다. 2009년에 가수 마이클 잭슨의 시신을 실은 헬리콥터 한 대가 서멈 본부 가까이에 하강했다. 혹시 잭슨의 시신을 미라화한 건지 전 세계가 주목했지만, 서멈 측에서는 이를 강력히 부인했다.

미라가 약이 된다고?

유럽 사람들은 12세기경부터 이집트의 미라를 약으로 먹어왔다. 나중에는 미라화되지 않은 사체도 '미라약'으로 취급했다. 미라약의 섭취는 유럽에서 16세기경에 가장 성행했으며, 약국에서도 미라를 쉽게 찾을 수 있었다.

그렇다면 유럽인들은 어쩌다 미라의 약용가치를 믿게 되었을까? 아마도 미라 표면의 검은 물질과 역청의 약효를 동일시했던 옛사람들의 믿음이 계속 살아남았던 모양이다. 그러나 그것이 전부일까? 왜 근대 유럽 초기에는 미라약에 매력을 느꼈을까? 이는 미라라는 신비함에 대한 호기심과 미신이 합해진 결과로 보인다. 어쨌든 유럽에서 미라약이 어찌나 성행했던지 16세기에 이집트를 여행한 포르투갈의 약재상 토메 피레스Tomé Pires는 때로는 그을린 낙타 사체를 인육으로 둔갑시켜 팔았다고 말했을 정도였다. 이집트 상인 중에는 직접 사체를 미라로 만들어 유럽인들에게 판매했다는 기록도 있었다. 상인들이 미라가 된 시신의 신분이나 나이, 성별뿐 아니라 어떤 병으로 사망했는지도 따지지 않고 유럽 사람들에게 판매했다니 믿기 어려운 이야기다.

위키피디아에 'Mummia'를 검색해보면 1875년에 찍은 이집트의 미라 판매상들과 'MUMIA'라는 이름표가 붙은 약병 사진을 볼 수 있다. 영어 단어 'Mummy'와 'Mummia'는 고대 라틴어 'mumia'와 아라비아어 'mumiya'에서 유래했다. 이 단어들은 두 가지 의미를 동시에 지니는데, 하나는 약으로 사용된 '역청'을 뜻하고 다른 하나는 역청으로 방부 처리된 '미라'를 뜻한다. 고대 이집트인들이 역청을 사체 방부에 사용한 시기는 12대 왕조 때로 알려졌다. 미라약은 병을 고치는 것에 그치지 않고, 이집트의 강력한 지도자이자 수많은 영광을 누렸던 왕의 미라를 먹음으로써 그와 같은 위치에 오르려는 욕망이 반영된 결과였다. 또한 후세를 굳게 믿었던 이집트인들에게 미라약에 대한 약효와 미신이 섞여 전파되었던 모양이다.

초기 근대 유럽에서는 인간의 피, 두개골 분말, 지방, 생리혈, 태반, 귀지, 뇌, 분뇨 등을 약으로 사용했다. 과장하면 머리끝부터 발끝까지 모든 부위가 약으로 이용됐다는 사실이다. 지방은 외상 치료에도 사용됐고, 지방을 피부에 문지르면 통풍이 낫는다고 믿었다. 두통을 치료하기 위해서는 두개골 분말을 먹었다. 영국 찰스 2세는 두개골 분말을 알코올에도 섞어 마셨다고 한다. 간질 치료에도 인체가 효과적이라 믿었다. 처음에는 미라를 약으로 사용했지만, 나중에는 피가 귀중한 약으로 쓰였다. 특히 신선한 피는 육체의 생명력을 지녔다고 생각해 인기가 많았다. 때로는 젊은 사람의 피를 선호하기도 했다. 이런 행위로부터 당시 유행했던 동종요법이 유래했다는 설도 있다. 로마인들은 젊은 남자들의 생명력을 이어받기 위해 죽은 검투사들의 피를 마시기도 했다. 고대 메소포타미아와 인도에서도 인간의 신체 일부는 유용하다고 믿었다.

물론 미라약을 모두 좋아하진 않았다. 16세기 철학자이자 의사였던 알로시우스 먼델라는 미라약을 증오했으며 혐오스럽다고 폄하했다. 프랑스의 박물학자 피에르 블롱은 미라는 전혀 가치가 없으며 오히려 위험한 약이라 생각했다. 외과 의사였던 앙브루아즈 파레는 미라약을 100여 건이나 처방했다. 그러나 나중에는 미라약은 사악한 약이고, 환자에게 전혀 도움이 되지 않는다며 미라약 처방을 중지했다. 이런 중에도 로버트 보일 같은 유명한 과학자가 이집트 미라약을 '의사들이 처방하는 유용한 약'이라고 칭송했다는 기록에 놀라지 않을 수 없다.

인체를 원하는 세상

일부 사회평론가들은 현재도 진행 중인 인체 장기 기증을 옛사람들의 미라약 복용과 연장선상에서 이해해야 한다고 주장한다. 미라나 장기 기증인에게 깃든 정신력이 육체와 영혼을 연결해 준다는 옛사람들의 믿음이 현대인들에게도 스며들었다는 의견도 들린다. 심장이식 수술을 받은 후 인물의 성격이 바뀌는 드라마의 설정도 이런 생각에 바탕을 둔 듯하다.

어린 시절 들었던 이야기들이 생각난다. 인육을 먹으면 한센병을 고칠 수 있다는 상상하기도 끔찍한 소문이 있었다. 또 무덤에서 파낸 사람의 뼈를 불에 쬔 후 치질 부위를 지지면 치료된다는 우스꽝스러운 이야기도 들었다. 모두 근거 없는 치료 행위였다.

요즘 시신 기증이 조금씩 늘고 있다. 자신의 시체가 의료기관에서 유용하게 사용되기를 원하는 사람이 늘고 있다고 한다. 의료교육에 필요한 시신이 부족하다는 내용이 가끔 뉴스거리로 떠오른다. 미라의 의료적 가치는 무시되고 있지만, 장기이식 수술의 발전으로 장기의 필요성은 점점 증가하고 있다. 120세까지 살고자 하는 현대인의 욕망이 어떤 방향으로 흘러갈지 흥미로운 시각으로 지켜볼 일이다.

범죄 '화학자' 애거사 크리스티

범죄를 다루는 소설이나 연극 속에는 화학물질이 자주 등장한다. 의사의 처방전이 필요한 의약품부터 약국에서 구하는 상비약에 이르기까지, 우리가 접하는 여러 종류의 화합물은 때로 오남용되어 사람의 목숨을 잃게 한다. 이런 사회 분위기로 인해 화학물질이 살인적 독성물질로 인식되기도 한다.

화학 분석법은 범죄 내용과 수법, 범인을 밝혀내는 데 매우 중요하기 때문에 범죄 수사에 커다란 몫을 하고 있다. 드라마에도 자주 등장하는 혈액검사와 DNA 분석뿐 아니라, X선 회절, MRI 분석법도 화학 분석법으로 종종 거론된다. 화학 지식과 화학 분석법은 과학적 범죄 수사의 핵심이며 범죄자 색출에 필수적이다.

보통 범죄소설에는 탐정이 해결사로 등장한다. 탐정이라면 코난 도일

애거사 크리스티의 동상

의 추리소설 주인공인 셜록 홈스가 떠오른다. 셜록 홈스는 1887년 〈주홍색 연구〉에 처음으로 등장한다. 도일은 소설 4권과 단편 이야기 56개를 저술했다. 그러나 역사상 가장 많이 읽힌 탐정소설은 애거사 크리스티의 소설이다. 그녀는 평생 탐정소설을 67권이나 집필했다. 현재까지 그녀의 소설이 세계적으로 무려 20억 권 이상 판매되었다니 정말 놀랍다. 셰익스피어 작품집과 성경 다음으로 많이 판매되었다고 하니 다시 한번 감탄한다. 그녀를 왜 '추리소설의 여왕'이라 부르는지 알 것 같다. 재밌는 것은 애거사의 탐정소설 내용이 대부분 화학적 사건이라는 점이다. 그녀는 자신의 소설에 등장시킨 화학물질의 독성에 매우 박식했다. 사람들은 그녀가 사실 화학자나 의학자, 약학자가 아니었나 생각할 정도다. 애거사 크리스티의 소설 속으로 들어가기 전 그녀의 일생을 먼저 살펴보자.

애거사 크리스티의 일생

애거사는 1890년 9월 15일 영국 남서부의 데번주 토키에서 태어났다. 그녀의 아버지 프레데릭 밀러는 미국에서 영국으로 온 사업가였으며, 어머니 클라라는 북아일랜드 벨파스트 출생의 영국인이었다. 그녀는 자서전에서 인생에서 가장 큰 행운은 내 어린 시절이었다고 밝혔다. 그녀의 가족은 아버지의 사업 실패와 건강 문제 때문에 남프랑스로 이전해야 했다. 그녀는 소설을 많이 읽었는데, 특히 탐정소설을 좋아해 〈셜록 홈스〉를 포함한 여러 탐정소설을 탐독했다. 1901년 애거사가 11세가 되던 해, 불행히도 그녀의 아버지는 55세의 나이에 폐렴으로 세상을 떠났다. 형부의 도움으로 어린 시절 그녀가 지냈던 애쉬필드 저택에 계속 살 수 있었다. 여유 없는 생활 중에도 애거사는 음악과 독서에 심취했다. 10대 초에 자신이 쓴 시와 단편소설을 잡지에 투고했을 정도였다. 그녀는 12세가 되어서야 처음으로 토키에 있는 여학교에 입학했으나 잘 적응하지 못했다. 이후 15세에 프랑스 파리 기숙학교에 입학해 학교과정을 마쳤다. 1910년에 그녀가 영국으로 귀국해 보니 어머니가 병에 걸려 있었다. 모녀는 따뜻한 이집트 카이로에서 석 달을 보냈다. 이 경험은 훗날 애거사가 이집트에 빠지는 계기가 되었다.

영국으로 귀국한 후에도 그녀는 사교 활동을 계속했으며, 동시에 글쓰기와 아마추어 연극에도 심취했다. 여러 단편소설을 집필했으나 여러 출판사는 그녀의 글을 거절했다. 당시 애거사는 강심술과 신비주의에 빠져 있었고, 그녀의 글에도 그런 경향이 짙었다.

애거사는 1912년 한 댄스파티에서 아치볼드 크리스티와 사랑에 빠졌다. 영국 공군이었던 아치볼드는 1914년 8월 제1차 세계대전이 발발하자 독일군과 싸우기 위해 파병되었다. 두 사람은 그해 크리스마스 이브 오후에 아치볼드 부모의 집 근처인 영국 브리스톨의 한 교회에서 결혼식을 올렸다.

아치볼드가 군 복무를 위해 프랑스에 있는 동안 그녀는 추리소설을 완성했다. 이 소설이 바로 〈스타일스 저택의 괴사건〉이다. 그러나 이 소설이 출판되기까지 4년을 더 기다려야 했다. 런던의 여러 출판사는 무명작가인 그녀의 소설을 거절했지만, 마침내 보들리 헤드 출판사의 존 레인이 관심을 보였다. 그는 결말을 수정하라는 의견을 냈고, 애거사는 이를 반영하여 1920년에 소설을 출판했다. 이로써 '탐정소설의 황금시대'가 열렸다. 그 후 그녀는 계속해서 탐정소설을 발표했으며, 1926년에는 그녀의 걸작 〈애크로이드 살인사건〉을 발표했다.

아치볼드는 종전 후 공군을 떠나 런던의 금융가에서 일했으나 수입이 넉넉하지 않았다. 1919년, 부부는 딸 로잘린드 마거릿를 얻었다. 소설 출판이 순조롭게 진행되고 명성도 높아지면서 행복한 시간을 보내던 그녀에게 어느 날 불행이 찾아왔다. 어머니의 죽음, 남편의 외도와 이혼 요구로 극심한 스트레스에 시달리던 그녀는 1926년 12월, 남편과 다툰 후 집을 떠나 사라졌다. 그녀의 실종사건은 영국뿐 아니라 세계적으로 보도되었다. 영국 내무부 장관은 경찰에게 그녀를 신속히 찾으라고 명령했다. 수많은 경찰이 색출에 동원되었고, 정찰 비행기까지 수색에 사용했다. 그녀가 사라진 지 11일 후인 1926년 12월 14일, 요크셔의 한 호텔에서 가명으로 투숙 중인 것이 발견되면서 그녀의 실종 사건은 마무리되었다. 그러나 지금까지도 그녀가 잠적한 이유에는 여러 해석이 있다. 결국 애거사와 아치볼드는 14년간의 결혼생활을 마감하며 1928년에 이혼했다.

1930년 애거사는 연하의 고고학자 맥스 맬로원과 재혼해 그녀가 생을 마감한 1976년까지 행복한 결혼생활을 누렸다. 첫 결혼생활 동안 소설 6편과 단편집을 집필하고 여러 잡지에 단편을 게재했다. 두 번째 결혼 중에도 〈오리엔트 특급 살인〉 등 명작 탐정소설과 일부 로맨스 소설을 계속 출판했다.

그녀는 자신에게 익숙한 환경을 배경으로 설정하고 일상적인 사건을 간결한 문장으로 풀어내 독자를 사로잡았다. 특히 소설에서 화학물질의 생리적 작용을 묘사한 정확하고 해박한 지식은 지금 봐도 놀라울 따름이다. 그녀는 제2차 세계대전 중 런던의 대학병원 약국에서 근무했다. 아마도 이때 배운 지식을 소설 속 독극물 범죄 이야기에 적용했던 것 같다.

애거사는 1976년 1월, 85세로 생을 마감했다. 그녀는 명예스러운 상과 훈장을 받았으며, 남편은 1968년에 기사 작위를 받았다. 그녀가 죽은 후 딸 로잘린드가 많은 부분을 상속받았으며, 애거사 사망 28주년이 되던 해인 2004년에 세상을 떠났다.

애거사 크리스티 소설 속 화학 이야기

앞에서 언급했듯이 애거사의 탐정소설 줄거리는 독약을 이용한 살인 사건이 발생하고, 살인범이 누군지 찾는 구성이다. 애거사는 독약의 생리적 작용을 정확히 이해하고 이를 소설에 적용했다. 그녀의 소설은 마치 범죄화학을 풀어쓴 교과서 같은 느낌이 들 정도다. 이번 글에서는 애거사 크리스티의 여러 소설 중 몇 개만 다뤄보려고 한다.

〈스타일스 저택의 괴사건〉

스타일스 저택에 살던 잉글소프 부인이 이른 아침 자신의 침대 위에서 죽은 채로 발견된다. 심한 경련을 겪은 듯했다. 그녀의 등은 심하게 굽어 머리와 발만 침대 위에 닿아 있는 상태였다. 스트리크닌(신경흥분제) 과다 섭취로 인한 중독사로 보였다. 과연 범인은 어디서 스트리크닌을 구해 어떤 방법으로 잉글소프 부인을 죽게 만든 걸까?

사건 현장에는 약병, 타다 남은 유언장 조각, 망가진 편지함, 깨진 커피 잔, 빈 브롬화칼륨 통, 카펫의 젖은 자국과 촛농 등이 남아 있었다. 애거사 크리스티 소설에 자주 등장하는 명탐정 에르퀼 푸아로가 이 소설을 통해 처음으로 등장한다. 푸아로 탐정은 치밀한 두뇌 싸움과 헤이스팅스의 도움으로 새 남편인 앨프레드와 그의 6촌 여동생 에블린 하워드가 범인이었음을 밝혀낸다. 범인들이 사용한 독살 방법은 과학적으로 꽤 치밀해 작가의 해박함을 엿볼 수 있다. 잉글소프 부인은 소량의 황산 스트리크닌 액을 취침 전에 복용하는 습관이 있었다. 과거에는 이 독성분을 강장제로 여겼었다. 스트리크닌이 물에 잘 녹도록 황산염이 흔히 사용됐다. 스트리크닌은 중독량을 섭취할 경우 15분 정도가 지나면 강직성 경련이 나타난다. 그런데 잉글소프 부인의 사망 시각은 새벽이었다. 만약 취침 시 스트리크닌을 과다 복용했다면 그녀는 얼마 되지 않아 사망했어야 한다. 어떻게 된 일일까? 범행자들의 수법은 매우 충격적이었다.

푸아로는 잉글소프 부인이 스트리크닌 과다 복용으로 사망했다고 믿었다. 그러나 부인이 처방대로 복용했다면 한 번에 한 숟가락 정도의 약제를 섭취했을 것이므로 중독사할 수 없다. 따라서 푸아로는 사건 현장에서 발견된 비어있던 브롬화칼륨 통에 주목했다. 누군가가 소량의 브롬화칼륨을 부인이 먹던 황산 스트리크닌에 넣었고, 이온교환반응을 일으켜 물에 잘 녹지 않는 브롬화 스트리크닌을 만들었을 거라고 추론했다. 그래서 약병 밑에 스트리크닌의 미세 침전물이 쌓여 농도가 짙어졌다는 것이다. 그렇게 되면 잉글소프 부인이 마지막으로 섭취한 약에는 치사량의 스트리크닌이 들어갔다는 이야기다.

그러나 이런 추론이 사건의 답이 될 수는 없었다. 스트리크닌 중독사는 비교적 빨리 오는데, 잉글소프 부인이 잠든 시간과 사망 시각 사이에는 간격이 있었기 때문이다. 포와르는 잉글소프 부인이 취침 전에 마시곤 했던 코코아에 누군가가 몰래 넣어둔 모르핀에서 답을 찾았다. 모르핀은 근육 운동을 더디게 해 스트리크닌의 흡수를 지연시켜 중독 현상이 늦게 나타난다. 범인들은 이렇게 약효의 지연을 유도한 뒤 집을 비우고 나가 자기들의 알리바이를 성립시켜 놓았지만 헛수고였다. 범인들의 전문성과 푸아로 탐정의 치밀한 분석은 놀랍기만 하다. 오죽하면 이 소설이 화학 교재로도 적합하다는 평을 받았겠는가! 결국 범인들은 잉글소프 부인의 재산을 얻는 대신 옥살이를 면치 못하게 되었다.

〈벙어리 목격자〉

애거사 크리스티는 1937년에 단편집 하나와 장편소설 두 편을 발표했다. 그중 하나가 〈벙어리 목격자〉, 다른 하나는 〈나일강의 죽음〉이었다.

〈벙어리 목격자〉에도 에르퀼 푸아로와 헤이스팅스가 등장한다. 푸아로는 에밀리 아룬델 부인으로부터 두 달 전에 쓴 편지를 받고 수상한 느낌이 들어 그녀의 집인 리틀 그린 하우스를 방문한다. 그러나 아룬델 부인은 이미 사망했고, 가족들은 그녀가 평생 간이 나빠 약을 먹고 지냈으니 자연사했다고 생각하고 있었다. 그러나 푸아로는 그녀의 사망과 관련해 이상한 점을 발견하고 조사를 시작한다. 모든 정황으로 보아 아룬델 부인이 타살되었다고 확신한 푸아로는 부인의 주위 사람들과 심리전을 펼치며 증거를 찾아가고, 결국 범인이 아룬델 부인의 조카였던 벨라 타니오스라는 사실을 밝혀낸다. 결혼생활에 불만이 많았던 그녀는 아룬델 부인의 살인을 남편에게 뒤집어씌우려 했지만, 수사망을 좁혀오는 푸아로를 피하지 못하고 자살한다.

이 소설에도 여러 가지 약물이 등장한다. 아룬델 부인이 종종 수면제를 먹었다는 사실로 보아 약물 중독사를 의심하게 했다. 사망한 아룬델 부인의 입 근처가 빛나는 것을 목격했다는 증인들이 나오면서 푸아로는 여기에 초점을 맞췄다. 마늘 냄새와 유사한 향을 맡았다는 이야기도 있었다. 직접적인 증거는 없었지만 벨라가 아룬델 부인이 먹던 간 캡슐에 인가루를 넣었다고 추론했다. 그럴듯한 추측이지만 과학적으로 문제가 있다. 인광phosphorescence은 백색 인이나 황색 인이 공기와 접촉할 때 빛이 나는 현상이다. 그러나 과연 범인이 공기에 노출되면 쉽게 반응하는 백색 인과 황색 인을 제대로 다룰 수 있었는지 의문이다. 더구나 인이 체내에서 기도를 통해 나올 때 이런 현상이 관찰될 수 있는지도 믿음이 가지 않는다. 인광보다는 화학발광 현상을 보았을 가능성도 있다.

이 소설에는 진정제, 진통제, 수면제로 사용되는 베로날과 최면제인 클로랄 수화물, 간이 위축되어 황색을 띠는 증상으로 단기간에 사망할 수도 있는 황색 간 위축, '회색 뇌세포'라는 표현, 잡초 제거제인 비소 화합물 등 화학과 관련된 이야기가 등장한다. 이 소설이 처음 발간된 1937년의 과학을 생각해 보면 놀랄 만큼 전문적인 화학 지식을 담고 있다.

백색 인은 강한 반응성 때문에 피부와 접촉하면 해를 준다. 19세기에 성냥 공장에서 일하던 노동자들이 인산괴사를 겪은 이유이기도 하다. 백색 인 100mg을 섭취하면 궤양 파열로 인한 자연사와 유사하게 보인다. 물론 구토와 각혈, 심한 복통이 동반될 수 있다. 구토 시 백색 인이 공기와 접촉하면 약한 빛을 발산하는데, 이때 마늘 냄새와 유사한 향이 감지된다. 과다 섭취할 경우 약 3일 후 사망에 이른다.

인은 친지질성이라 세포막을 쉽게 통과해 혈액으로 들어가고, 결국 간에서 부작용을 일으킨다. 간의 해독 작용이 증가하면 사망에 이르는데, 마치 간 질환이나 알코올 중독과 유사해 자연사와 백색 인 중독사를 구별하기 어렵다. 작가는 이 점을 이용하려 한 것 같다. 애거사의 치밀한 화학 지식이 크게 돋보인다.

〈슬픈 사이프러스〉

〈슬픈 사이프러스〉는 제목과 내용 사이의 관계가 비교적 모호하다는 평가를 받는다. 사이프러스는 삼나무를 의미할 뿐 아니라 죽음을 상징하기 때문에 'Sad Cypress'를 '슬픈 죽음'으로 번역해야 한다는 해석이 있다.

어느 날 엘리너 칼라일에게 한 통의 편지가 도착한다. 조심하지 않으면 로라 웰먼 부인의 유산을 문지기였던 제라드 노인의 딸인 메리가 상속받게 되리라는 내용이었다. 웰먼 부인의 친척이던 앨리너와 로디 웰먼은 자신들을 유산 상속자로 생각하고 있었다. 로라는 유산의 일부를 메리에게 주고 싶어 했으나, 유언장을 남기지 않은 채 세상을 떠나버렸다. 결국 웰먼 부인과 가장 가까운 엘리너가 모든 상속을 받는다. 그러나 엘리너의 약혼자였던 로디가 메리에게 반하면서 엘리너와 로디의 관계는 금이 간다.

로라의 사망 후 엘리너는 물건들을 정리하려고 부인이 살던 집에 간다. 점심시간이 되어 엘리너는 샌드위치를 만들었고, 웰먼 부인을 간호했던 간호사 홉킨스와 얼마 전 돌아가신 아버지의 문간채를 정리하려고 온 메리와 함께 나눠 먹는다. 그러나 곧 엘리너와 홉킨스는 메리가 죽어있음을 발견한다. 서서히 드러나는 홉킨스의 탐욕스러운 과거와 음모가 우리를 섬뜩하게 만든다.

이 소설에서 범인이 사용한 약은 모르핀과 아포모르핀이다. 모르핀은 마취제로 쓰이며 중독성이 크다. 아편은 약 10%의 모르핀을 함유하며, 1805년 독일의 프레데리크 제르튀르너가 처음으로 추출했다. 모르핀이라는 이름은 그리스신화에 나오는 '꿈의 신' 모르페우스로부터 유래되었다. 모르핀은 알칼로이드의 일종으로, 모르핀을 염산과 결합해 만든 염산염은 의료용으로 쓰인다. 부작용으로는 호흡 억제, 혈압 저하, 쇼크 등이 있다.

홉킨스는 메리와 함께 독약이 든 샌드위치를 먹었으면서도 왜 멀쩡했을까? 아포모르핀이 이 질문에 답을 준다. 그녀는 아포모르핀의 구토 유발제 특성을 이용해 자신이 먹은 모르핀을 모두 토해냈다. 그러나 이러한 홉킨스의 치밀함도 그녀를 범행으로부터 자유롭게 만들어주지 못했다. 그녀가 급하게 아포모르핀을 자신의 팔에 주사하다가 그만 팔뚝에 상처 자국을 남기고 만 것이다. 그녀는 집에 들어오는 길에 장미 덤불 가시에 스친 상처라는 그럴듯한 핑계로 잠시나마 빠져나가는 듯했다. 그러나 명탐정 푸아로는 그 집 정원 장미에는 가시가 없음을 밝혀내며 이야기는 빠른 속도로 끝난다.

화합물의 약리작용에 대한 작가의 해박한 지식과 이를 추리소설에 멋지게 녹여낸 점이 그저 놀라울 뿐이다. 분명 애거사 크리스티는 훌륭한 화학 교사이자 뛰어난 작가다.

라듐의 빛과 그림자

절대적 진리를 탐구하는 과학자들의 노력과 고뇌는 과학사에 수많은 영광을 안겨 주었지만, 동시에 지금은 상상할 수도 없는 웃지 못할 오류를 많이 남겼다. 1920년대에 〈아메리칸 위클리〉는 일요일마다 믿지 못할 과학 이야기를 쏟아부었다. '바다에서 거대한 뱀이 발견되었다', '고대 건물의 초석 안에서 개구리들이 발견되었다', '금니를 통해 라디오 방송을 들을 수 있는 사람들이 있다'라는 이야기들은 일부에 불과하다.

1947년에 처음 보고된 비행접시와 외계인의 출현은 요즘도 심심치 않게 뉴스를 장식한다. 언제까지 이런 이야기가 과학자들을 당혹스럽게 할지 장담할 수 없다. 구약성서에 나오는 기적을 과학적으로 증명했다는 주장은 과학사와 늘 함께 했다. '모세의 후계자인 여호수아가 해와 달에게 멈추라고 명령한 순간 지구의 회전이 멈췄다'라고 주장한 임마

누엘 벨리코프스키의 말을 검증하기 위해 얼마나 많은 과학자들이 이를 붙들고 씨름했던가! 마틴 가드너가 1987년에 출간한 〈과학의 이름으로 저지른 유행과 오류들〉을 보면 사람들을 놀라게 한 잘못된 과학적 주장들을 확인할 수 있다.

이제 우리는 1898년 발견한 라듐에 관한 과학 이야기를 찾아보고, 20세기 초에 라듐이 일반인과 어설픈 과학자를 얼마나 열광의 도가니로 몰고 갔는지 과학사적 오류를 엿보기로 한다.

천왕성의 이름을 딴 우라늄

1986년 앙투안 베크렐Antoine Becquerel이 발견한 방사능은 무에서 유를 창조할 수 있음을 보여준 충격적인 사건이었다. 과학자들은 에너지 보존의 법칙이 무너질 수도 있다는 사실에 경악했다.

방사능 발견은 준비된 자에게 오는 '우연한 행운'의 예로 자주 언급된다. 베크렐은 형광의 원리를 밝히기 위해 형광을 내뿜는 광석을 연구 중이었다. 그는 체코 광산에서 얻은 역청 우라늄광 광석이 아름다운 형광을 발한다는 사실에 주목했다. 조교였던 마리 퀴리와 함께 사진 필름 위에 역청 우라늄광 광석을 올려놓고 기다리니, 광석 윤곽이 뚜렷이 나타났다. 이어 두 사람은 우라늄 광석과 필름 사이에 열쇠 등을 놓고 현상해, 그 물건들의 윤곽도 뚜렷이 나타남을 관찰했다. 베크렐은 이런 현상이 광석의 형광 때문이라 믿었다. 그러나 마리 퀴리는 우라늄 자체가 빛의 원인이라고 생각했다. 여러 번의 실험 끝에 1896년 그들은 우라늄 자체에서 투과성 방사선이 나온다는 결론에 도달했다.

우라늄 원소는 1789년에 독일 화학자 마르틴 클라프로트가 발견했다. 클라프로트는 역청 우라늄광 광석을 화약약품으로 처리해 산화우라늄을 얻었다. 그는 천왕성Uranus의 이름을 따 이를 우라늄uranium이라 칭했다.

그 후 1841년에 프랑스 분석화학 교수였던 유진 페리고Eugene Peligot는 사염화우라늄을 칼륨과 가열해 우라늄 금속을 얻었다. 우라늄을 사용하면 붉은색, 주황색, 노란색 등 여러 가지 색깔을 낼 수 있었다. 우라늄의 위험성을 알지 못했던 19세기 사람들은 도자기나 유리에 색깔을 입힐 때 산화우라늄을 많이 사용했다.

퀴리 부부가 발견한 라듐

라듐은 1898년에 마리 퀴리와 남편 피에르 퀴리가 발견했다. 이들 부부는 우라늄광에서 우라늄을 제거해도 방사능이 나온다는 사실을 관찰했다. 이들은 추가적인 분리 과정을 거쳐 녹색 불꽃 반응을 지닌 순수한 바륨 속에 붉은색 분광선을 보여주는 새로운 원소가 들어있음을 발견했다. 이 분광선은 전에 보고된 적이 없던 현상이었다.

퀴리 부부가 10여 톤 되는 우라늄 광석에서 1g 정도의 라듐염을 얻은 것은 1898년 11월 말경이었다. 부부는 다음 달 프랑스 과학아카데미에서 이 놀라운 발견을 발표했다. 1899년부터 사용된 '라듐'이라는 용어는 에너지를 광선 형태로 방출하는 능력 때문에 붙여졌다. 실제로 광선을 뜻하는 라틴어 'radius'와 영어 'ray'에 어원을 둔다.

라듐의 발견은 온 세상을 떠들썩하게 했다. 마리 퀴리는 '라듐의 방사에너지는 원자핵이 분열되면서 발생한다'는 설명을 덧붙였다. 당시 물리학계는 미세한 질량결손이 생겨 이런 일이 생긴다는 퀴리의 설명을 쉽게 받아들였다. 이는 질량과 에너지는 서로 변환이 가능하고, 동시에 에너지 보존의 법칙이 손상되지 않는다는 아인슈타인의 이론과 같은 맥락이라고 여겼기 때문이다. 이후 1910년 퀴리와 동료 과학자 드비에른은 염화라듐을 전기분해해 라듐에서 순수한 금속을 얻는 데 성공한다.

더욱 놀라운 일은 라듐이 우라늄보다 300만~500만 배 정도 더 강한 광선을 내뿜는다는 사실이었다. 라듐 광선이 눈에 보이지는 않았지만, 유리관 벽면을 빛나게 하며 대낮에도 확인될 정도였으니 얼마나 신비한 일이었을까! 1903년에 앙리 베크렐과 퀴리 부부는 함께 노벨물리학상을 받았으며 마리 퀴리는 1911년에 또 한 번 노벨화학상을 수상했다. 퀴리 부부의 업적은 과학사에서 영원히 빛날 일이지만, 자연방사능이라는 라듐의 특이한 성질을 이용하려는 사람들의 망상과 장삿속이 세상을 뒤흔들었다.

폭주하는 라듐의 광기

스스로 빛을 내는 라듐의 발견은 여러 가지 희비극을 불러왔다. 사람들은 라듐이 내는 빛으로 에너지 문제를 해결할 수 있다는 기대감에 부풀었다. 그러나 인류를 폐허로 몰고 갈 무시무시한 전쟁무기가 개발된다는 이야기도 떠돌았다. 언론까지 가세하면서 잘못된 정보는 점점 더 빠른 속도로 번졌다. 라듐을 사용하면 맹인들이 시력을 되찾고, 한센병이나 성병도 치료할 수 있다는 말까지 있었다. 게다가 라듐 광선을 화학반응에도 사용할 수 있어 물에서 수소와 산소를 얻을 수 있다고 믿었다. 라듐의 가치가 과대평가되자 세계시장에서 라듐의 가격은 3년 사이에 20배로 뛰었다. 덕분에 마리 퀴리에게 라듐이 든 우라늄 광석을 제공한 광산이 호황을 맞았다. 투기꾼들은 라듐을 구하기 위해 우라늄 광산 찾기에 혈안이 되어 있었다.

당시에는 방사능이 건강에 얼마나 악영향을 끼치는지 밝혀지지 않았기 때문에, 지금에 와서 생각하면 믿지 못할 일도 많았다. 소량의 라듐을 조끼 윗주머니에 넣고 다닌 베크렐은 가슴 부분에 궤양이 나타났다. 1908년 베크렐이 사망할 당시, 사람들은 그가 죽은 원인이 라듐으로 생긴 궤양 때문이라고 의심했다. 피에르 퀴리는 이를 확인하기 위해 자신의 팔뚝에 직접 실험했고, 실제로 그의 피부에 수포가 생겼다. 기록에 따르면 나중에는 궤양으로 발전돼 치료하는 데 어려움을 겪었다고 한다. 한 실험에서는 라듐 방사선을 쥐에게 쬐니 마비증세를 보이다 죽는 것을 관찰했다. 그러나 이런 위험성이 사람들에게 경각심을 일으키기는커녕 라듐에 열광하는 분위기 속에 묻혀버리고 말았다.

방사선의 위험을 인지하지 못한 일부 의사는 피부 흉터나 반점, 피부병, 습진을 라듐 방사선으로 치유할 수 있다고 믿었다. 급기야 미용에도 도움이 된다며 화장품에까지 라듐을 첨가하려고 했다. 비누와 샴푸에도 라듐이 들어간 것처럼 허위 광고를 할 정도였으니 라듐의 인기는 가히 짐작할 만하다. 그 밖에 붕대, 연고, 치약, 실크 스타킹에도 라듐을 사용했다. 라듐이 들어있는 음료수를 건강음료로 계속 마셨다는 브라질의 어느 갑부 이야기는 도저히 믿어지지 않는다.

그러는 사이 미국 뉴저지주의 한 시계 제조 공장에서 일하던 여성들이 라듐으로 생명을 잃었고, 동물실험을 통해 라듐이 건강에 치명적인 해를 준다는 사실도 보도되었다. 드디어 1931년, 만병통치약으로 잘못 알려진 라듐의 시판이 금지되었다. 안타까운 것은 방사선에 지속적으로 노출된 마리 퀴리가 67세에 백혈병으로 사망한 일이었다. 라듐 1g은 매초 370억 번의 분열을 일으키는 엄청난 방사능을 지녔다는 사실을 몰라서 생긴 결과였다.

라듐으로 생명이 탄생하다?

생명의 탄생을 논할 때 라듐 이야기는 늘 빠지지 않고 등장한다.

1904년에 프랑스의 약학자 라파엘 뒤부아는 '생명의 물질'과 '살아있는 물질'을 구분하는 것은 옳지 않다고 주장했다. 그는 배양액에 라듐 방사선을 쏘면 생기는 작은 기포를 '생명의 원형'이라고 보고했다.

1903년 영국의 존 버틀러 버크는 시험관에 젤라틴과 라듐을 넣은 지 하루 이틀 후, 현미경을 통해 작고 둥근 형체를 보았다. 이를 분리해 재배양하니 박테리아처럼은 아니었으나 조금씩 성장하는 것이 관찰되었다. 이 형체는 박테리아와 달리 물에 녹았으며, 더 관찰한 결과 어느 정도 자란 후에는 분리되어 세포분열과 유사한 분열을 하는 것이 아닌가! 버크는 이를 '생명의 원시 형태'라 칭하며 뒤부아가 아닌 자신이 생명체 원형의 첫 발견자라 주장했다. 버크는 이를 종합해서 1906년에 〈생명의 탄생〉을 발간했을 정도다. 버크의 초기 연구 발표 내용은 유럽과 미국 여러 신문이 대서특필했으며 영국 〈네이처〉에도 1905년에 버크가 편집인에게 보낸 '젤라틴 세포배양매체에 대한 라듐의 반응'이 실렸다.

나중에 스코틀랜드의 화학자 윌리엄 램지는 이 두 사람의 주장이 틀렸음을 지적했다. 램지는 이들이 생명체의 원형이라고 주장한 기포는 단지 젤라틴이 라듐 방사선에 분해되어 생긴 기체 때문에 만들어졌다고 설명했다.

그러나 버크와 뒤부아의 주장에는 어느 정도 과학적 정당성이 존재한다. 생명의 탄생을 위해서는 원소(질소, 인, 탄소, 산소, 수소)와 에너지가 있어야 한다. 원소는 배양액을 통해 공급하고, 에너지는 라듐 방사선으로 공급한다는 발상은 바다에서 원시 생명체가 탄생할 때 태양에너지가 절대적 역할을 했다는 일반적인 믿음과 모순되지 않았다.

우리가 정설로 여기는 과학적 '진실'이 잘못된 믿음에서 비롯된 '오류'였음을 깨닫는 순간은 앞으로도 계속될 것이다. 인간은 완벽하지 않으며 편견에서 자유롭지 못한 존재다. 과학자들이 말하는 '진실'은 언제든 심판대 위에 세워질 것이다.

과학자들의 편견과 오판

과학의 역사는 자의적 속임수와 비의도적 오류로 가득하다. 과학자가 스스로 실수를 발견해 자신의 주장을 철회하거나 수정하기도 하고, 나중에 타인들에 의해 발각되어 수정되기도 한다.

우리나라 어느 교수가 줄기세포 연구를 조작해 세계를 뒤흔든 사건은 한국 과학계의 신뢰도를 크게 떨어뜨렸다. 이웃 나라 일본에서도 이화학연구소 소속의 박사가 연구를 조작해 논란이 있었다. 그 결과 노벨상 수상자이자 연구소의 이사장인 노요리 료지 교수가 조작을 인정하는 언론 인터뷰를 했다. 그뿐만 아니라 연구를 조작한 박사의 지도 교수는 자살을 하며 화제를 일으켰다.

아인슈타인이 처음 발표했던 논문 중 약 20%가 잘못된 내용이라는 글을 읽고 놀란 적이 있다. 수식을 유도하다가 돌연 결과만 주어진 논문도 있다고 한다. 그가 유도한 계산을 다시 해보면 같은 결과에 도달할 수 없다니, 아인슈타인이 의도적으로 중간 단계를 생략하고 자신의 직감에 따라 최종 결과만 발표했다는 말일까?

요즘 국회 청문회에서 자주 들리는 중복 게재, 표절 등의 출판 윤리가 과학계를 긴장시키고 있다. 실험 연구의 재현성도 매우 중요시되고 있다. 그만큼 과학연구 결과에 신중한 발표가 요구된다. 이번 글에서는 몇 가지 잘못 알려진 과학 이야기를 살펴보겠다.

N선의 속임수

프랑스의 유명한 물리학자 프로스페르-르네 블롱들로Prosper-René Blondlot는 1903년, 언어능력을 담당하는 뇌의 브로카 영역이나 여러 금속에서 나오는 N선을 발견했다. 그는 당시 몸담고 있던 낸시대학교의 이름을 따 'N선'이라고 이름 붙였다. 프랑스의 다른 과학자들도 블롱들로의 결과를 확인했으나, 어찌 된 일인지 프랑스 밖에서는 그의 발견을 재현할 수가 없었다.

프로스페르-르네 블롱들로

블롱들로는 렌즈와 프리즘을 알루미늄으로 개조한 분광 분석장치를 이용해 N선 스펙트럼을 얻었다고 주장했다. 그러나 예리한 시력의 소유자나 그 스펙트럼을 감지할 수 있었지, 일반 사람들은 아무것도 보지 못했다. 블롱들로의 N선 시현에 몇 번이나 참가한 미국의 물리학자 로버트 우드는 자신이 보통 시력을 지녔거나, 그게 아니라면 블롱들로의 연구가 잘못된 것이라는 생각에 도달했다. 곧 우드는 여러 가지 실험을 통해 N선이 프랑스 과학자의 허구라고 결론 내렸다. 어느 날 블롱들로가 N선 스펙트럼 설명에 집중하는 동안 우드는 슬그머니 알루미늄 프리즘을 N선 분광기에서 제거했다. 그런데도 블롱들로는 설명을 그대로 이어가는 것이 아닌가?

1904년 프랑스 아카데미는 블롱들로에게 권위 있는 르콩트 상을 수여했다. 그러나 같은 해에 우드는 블롱들로의 연구가 거짓이라는 사실을 발표했고, 그때부터 프랑스를 제외한 다른 나라 과학자들은 N선 이야기를 더 이상 꺼내지 않았다. 그럼에도 프랑스에서는 많은 물리학자들이 N선을 찾고 있었으며, 대부분 N선을 보았다고 주장했다. 그 후 수십 년 동안 외국 과학자들은 이 분야를 무시했지만, 프랑스 과학자들은 N선을 검출하고 연구할 수 있음을 프랑스의 자존심으로 여겼다. 마침내 프랑스 과학자들도 그 고집을 이어갈 수 없었고, 결국 그들도 외국 과학자들의 판단을 따랐다. 블롱들로와 프랑스 과학자들은 진지한 과학자였으나 자신의 편견에서 벗어나지 못했다.

성장촉진선

우크라이나 물리학자였던 알렉산더 구르비치는 1923년에 생물체들이 발산하는 신기한 자외선 전자기선을 관찰했다고 보고했다. 이상하게도 이 빛은 수정은 통과하지만 보통 유리는 통과하지 못했다. 게다가 한 생물체에서 다른 생물체로 생명촉진 에너지를 전달하는 능력을 지닌 듯 보였다. 구르비치뿐만 아니라 다른 과학자들도 그의 실험 결과를 재현할 수 있었고, 성장촉진선의 존재가 1920년대 과학계에 정설로 받아들여졌다.

성장촉진선의 개념이 갑자기 튀어나온 건 아니었다. 당시 과학계에서는 태아의 탄생과 같은 발생학은 물리나 화학으로는 절대 이해할 수 없다는 생각이 강했다. 그러나 한때 독일의 유명한 발생생물학자였던 빌헬름 루와 함께 지냈던 구르비치는 의견이 달랐다. 그는 유기적 발생이 '초세포적인 배열인자'의 제어를 받는다고 믿었다.

이 인자는 발생 중인 생물체 안에서 새로 생긴 세포에게 옳은 위치를 지시하는 일종의 에너지다. 구루비치는 이 에너지를 검출할 수 있다고 믿었다. 세포들이 에너지를 생성하는 주 목적은 추가 세포들의 성장을 인도하고, 근처에 있는 다른 생물체의 성장을 자극하는 데 있다. 구루비치는 이런 에너지가 정상적인 신진대사 부산물의 일종이고, 성장하는 세포의 에너지원일 수밖에 없다고 생각했다.

실험을 통해 구르비치는 양파 뿌리 끝을 다른 양파 뿌리 가까이에 놓자 양파의 성장 속도가 빨라지는 현상을 관찰했다. 효모, 박테리아 등으로 실험한 다른 과학자들도 유사한 결과를 도출했다. 구르비치는 연구를 확장해 더욱 복잡한 실험을 진행했다. 그는 건강한 동물에게 암세포를 주사하면 동물의 성장촉진선 발생이 감소한다는 결과를 얻었다. 그 동물이 죽을 때도 마찬가지였다. 또한 토끼에게 먹이를 주지 않으니 촉진선의 세기가 감소했는데 놀랍게도 며칠 더 굶기니 촉진선의 세기가 오히려 증가했으며, 빛의 파장이 변했다. 구루비치는 그 이유를 신진대사에 변화가 일어났기 때문이라고 해석했다. 비타민D 결핍증인 아동들의 성장촉진선도 상대적으로 약했다. 이런 식으로 구루비치의 발표는 계속됐다.

그러다가 큰 이변이 일어났다. 성장촉진선은 광전셀 같은 물리적인 방법으로는 검출될 수 없다는 사실이 밝혀진 것이다. 1930년대 초에 들어서부터 성장촉진선의 존재가 의심되는 사례가 대거 등장했다. 1935년에 홀렌더와 클라우스는 이때까지 발표된 성장촉진선 논문 500여 편을 면밀히 검토한 결과, 촉진선의 존재는 통계적으로 믿기 어려우며 연구자들의 자의적 편견이라고 결론 내렸다.

이후 성장촉진선의 존재는 거의 자취를 감췄지만, 1960년대까지도 가끔 이에 관련된 발표가 눈에 띄었다. 과학계를 더 혼란에 빠뜨린 사실은 세포 내에서 일어나는 화학반응 중에는 약하게나마 가시광선 전자기파를 방사하는 경우가 있다는 것이다. 구루비치의 보고가 이와 관련 있을지도 모르겠다. 1939년대 구소련 병원 기술자였던 세묜 키를리안이 자신의 부인 발렌티나와 함께 향후 세계를 놀라게 할 현상을 관찰했다. 고주파 발생장치로 치료받던 환자가 있었는데, 고주파 유리전극을 환자의 피부 가까이 대자 작은 섬광을 발견하였다. 키를리안의 손으로 같은 실험을 반복한 결과, 역시 피부 둘레에서 밝고 신비로운 빛이 관찰되었다. 부부는 이 현상을 찍은 사진을 다른 사람들에게 보여주었다. 이후 이 빛을 사람들의 건강 상태와 연관 짓는 등 비과학적인 해석이 퍼져나가면서 우스꽝스러운 일들이 벌어졌다. 심지어 보드카 한잔을 마신 사람의 손톱 둘레에서는 더 밝은 빛이 나온다는 말까지 생겼다. 현재 우리는 이 모든 소동이 코로나 방전 현상이라는 사실을 잘 알고 있다.

생리에 관한 속설

여성의 생리에 관련된 속설은 동서양을 막론하고 전해진다. 한 예로 호주의 원주민들 사이에서는 생리 중인 여성에게 가까이 가면 남성이 기력을 잃을 뿐만 아니라 빨리 늙는다는 속설이 있었다. 서양에서도 생리 중 머리를 감지 말라, 아이스크림을 먹지 말라는 등 여러 이야기가 있으며, 생리 중 목욕을 하면 폐병에 걸린다고도 했다. 심지어 생리 중인 여성들이 가까이 지나가면 꽃이 시들고 작물은 줄기마름병에 걸린다고 믿었을 정도다. 우리나라에서도 과거에는 생리 중인 여성을 불길한 존재로 여겨 활동에 제한을 두기도 했다.

지금에 와서 보면 참으로 어리석은 미신들이건만, 당시 과학계도 별반 다르지 않았다. 1929년 어느 우유 생산 회사의 실험실에서 연구를 하던 독일의 박테리아학자 크리스티안젠에게 믿지 못할 일이 반복해서 일어났다. 발효용 배양균의 배양이 주기적으로 실패하는 것이 아닌가! 여러 가지 조사 끝에, 그는 배양 실패 시기가 함께 일하던 여성 기술자의 생리주기와 일치한다는 점을 발견했다. 과연 그는 여성의 생리주기와 배양 실패를 어떻게 연관시켰을까? 그의 논리는 여성의 생리혈에서 특수 파장의 빛이 나오는데, 배양액이 이를 흡수하면 배양균이 그 기능을 잃는다는 것이었다. 지금 생각해 보면 터무니없는 가정과 설명이다.

우스운 일은 비슷한 주장을 한 박테리아 전문가가 미국 코넬대학교에도 있었다는 사실이다. 오토 란이라는 과학자도 크리스티안젠과 비슷한 관찰을 했다. 그는 갑상샘저하증, 포진, 축농증 등 특별한 질환이 있을 때 인체에서 눈에 보이지 않는 특수선이 나온다고 주장했다. 심지어 1936년에는 〈생체의 비가시선〉이라는 제목으로 책까지 발간했다. 말할 것도 없이 이에 대한 과학적 근거는 전혀 없다.

미생물을 둘러싼 소동

과거의 현미경을 사용한 학자들은 당시 광학 장치가 열악했기 때문에 종종 연구 결과에 오류가 있었다. 때로는 자기들이 보고 싶은 것만 관찰한 결과를 사실로 믿기도 했다. 구소련 당시, 모스크바 수의과대학 학생이던 보쉬안은 현미경으로 놀랄만한 발견을 한다. 미생물을 끓는 물에 넣거나 화학물질로 처리한 결과, 조건에 따라 미생물이 바이러스가 되기도 하고 박테리아가 되기도 했다. 또 바이러스 클러스터를 처리하면 더 뭉쳐져 박테리아가 되기도 하고 역으로 박테리아가 풀어져 성분 바이러스가 되기도 했다. 보쉬안은 자신이 관찰한 결과를 토대로 1949년에 〈바이러스와 미생물의 본성〉이라는 책을 발간했으며, 곧이어 이 책은 베스트셀러 대열에 올랐다.

보쉬안은 분자생물학의 혁명적 발견을 했다는 공로로 넓은 단독 연구실까지 차지했다. 게다가 그는 자신의 발견을 외국 과학자들이 훔쳐갈지도 모른다며 숨기곤 했다. 그러나 소련 내부에서 보쉬안의 주장을 의심하는 사람들이 등장했고, 곧 모스크바 의학학술원이 보쉬안의 연구를 조사했다. 그들이 지켜보는 가운데 보쉬안은 자신의 실험을 반복했다. 조사 결과는 싱거웠다. 보쉬안의 발견은 현미경 슬라이드를 충분히 닦지 않아 발생했다는 결론이었다. 결국 보쉬안은 대학에서 축출되었다. 현대적인 의미에서 미생물은 박테리아, 원생생물, 바이러스, 프리온 등을 포함하는 넓은 개념으로 사용되고 있으며 박테리아와 바이러스 간 상호 변환은 불가능하다.

우리는 종종 정직하지 못한 과학 뉴스를 접한다. 그럴 때마다 과학자 대다수는 가슴 아파하며 분노한다. 과학적인 삶을 영위해야 할 과학자가 부정한 행동이나 판단을 했다니! 더욱이 과학자가 자의적으로 부정한 행동을 했을 땐 우리를 혼란의 도가니로 밀어 넣는다. 한편으로는 과학자 본인의 부족한 능력이나 열악한 연구 여건 때문에 자기도 모르게 결과를 오도한 경우 약간의 동정심도 생긴다.

이 글에서 다룬 사례들을 보면, 과학자 중에는 비판적인 시각을 잃은 채 자기가 믿고 싶은 것만을 보기도 하고, 지식이 모자라 관찰 결과를 잘못 해석하기도 한다. 또한 이미 마음속에 정해놓은 결론이 매우 강해 '이 연구 결과는 xyz여야 한다.'라는 고집을 꺾지 못하는 경우도 많다. 그러나 악의 없는, 단순히 잘못된 연구 결과는 종종 새로운 도전을 불러일으켜 급진적인 과학 발전을 이끌기도 한다. 특히 이런 예는 생명과학 분야에서 종종 발견된다. 생명과학에는 우리가 아직 밝혀내지 못한 수많은 과학적 진실이 숨어 있기 때문이다. 노벨화학상 수상자로 유명한 라이너스 칼 폴링도 DNA의 구조를 이중나사선이 아닌 삼중나사선으로 잘못 발표한 과거가 있었다. 오류의 원인으로 그가 사용한 X선 회절기의 성능이 낮았거나, 분석한 결과에 대한 해석이 당시 영국 과학자들보다 뒤쳐 있었다는 의견이 거론되고 있다.

2011년에 노벨화학상을 수상한 이스라엘의 댄 셰흐트만 교수는 준결정quasicrystal을 발견한 공을 인정받았다. 그러나 이 내용이 받아들여지기까지는 오랜 시간이 걸렸다. 셰흐트만의 발견이 기존의 결정구조 이론과 맞지 않았기 때문이다. 과학계는 새로운 의견을 받아들이는 데 인색했다. 사석에서 셰흐트만이 필자에게 들려준 바에 따르면, 당시 셰흐트만의 논문을 부정적으로 심사한 과학자 중에는 폴링 교수도 있었다고 한다. 셰흐트만이 1982년에 발견한 내용이 논문으로 발표되기까지는 2년 이상이 걸렸다.

이번 이야기는 재미있긴 해도 과학의 눈부신 발전 뒤에는 여러 가지 오류, 오판, 편견, 신념 등이 뒤엉켜 있으며 우리가 접하는 새로운 발견과 발명이 곧 과학의 역사는 아니라는 점을 일깨워준다.

우주를 읽는다-원소주기율표

지금으로부터 약 150년 전, 러시아 화학회가 열렸다. 의장은 개회하면서 다음과 같이 말했다.

"여러분, 안타깝게도 우리가 존경하는 멘델레예프 박사가 몸이 불편해 오늘 모임에 참석하지 못했습니다. 따라서 박사님의 논문 '원자량과 화학적 친화력에 바탕을 둔 원소들의 체계에 대한 개요'는 멘슈트킨 교수가 대신 낭독하겠습니다."

우주의 구성물이 품은 가장 중요한 비밀이 세상에 공개되는 자리였다. 바로 우리가 현재 사용하고 있는 원소주기율표가 공식적으로 탄생한 것이다. 이 중대한 발견을 기념하기 위해 세계 유일한 화학연합회인 국제순수응용화학연합IUPAC이 원소주기율표 탄생 150주년을 기념해 여러 행사를 개최했다. 유엔도 유네스코를 통해 해당 사업에 적극 동참했다. 2019년 1월 29일에는 프랑스 파리의 유네스코 본부에서 기념행사가 열렸다.

원소주기율표가 도대체 무엇이기에 이토록 중요시될까? 인간, 특히 자연철학자나 과학자들은 우주에 숨은 일정한 규칙이나 원리를 발견하기 위해 호기심을 발휘한다. 그렇지 않으면 이 방대한 우주를 지배하는 신비로운 법칙을 영원히 알아낼 수 없기 때문이다. 그렇다면 원소주기율표에는 어떤 정보가 들어있기에 전 세계가 150주년 기념행사를 하고 있을까?

우리가 아는 원소주기율표에는 점점 더 많은 원소가 등장하고 있다. 가장 최근 추가된 원소는 원자번호 118번인 오가네손Og이다. 복잡해 보이는 원소주기율표에서 중요한 점은 두 가지다. 하나는 왼쪽 끝에서 오른쪽 끝으로 이어지는 '주기'를 따라 원소들의 특성이 꾸준히 변한다는 것이고, 또 하나는 다음 주기로 옮겨가면 유사한 특성이 다시 나타난다는 사실이다. 원소 특성이 '주기적'으로 나타난다는 점 때문에 '주기율'이라는 이름이 붙었다. 이 주기율을 표로 보여준 것이 '주기율표'다. 또한 위에서 아래로 내려오는 같은 열의 원소들은 하나의 무리를 이루며 비슷한 특성을 지닌다.

초기의 원소주기율표는 원소를 이루는 원자들의 전자구조를 모르던 시기에 생겨났다. 그러나 나중에 발견한 원자들의 전자구조로 이 표가 보여주는 신비로움을 설명할 수 있었다. 특히 전이금속들의 특성을 이해하려면 원자들의 전자구조를 알아야 한다. 옛 과학자들은 원자량을 기준으로 원소주기율을 만들었으나, 오늘에는 원자번호를 사용하고 있다.

1952년에 페르뮴^{Fm}이 발견된 때만 해도 원소주기율표는 원자번호 100번이 끝이었다. 그러나 101번 원소가 등장했고, 원소주기율표를 처음 발표한 러시아의 화학자 드미트리 멘델레예프$^{Dmitri\ Mendeleev}$의 업적을 기려 이를 '멘델레븀^{Md}'이라 명했다. 왜 이런 변화가 생길까? 과학자들이 우주를 구성하는 원소들을 계속해서 발견하고 있는 것일까? 그렇지 않다. 우주를 구성하는 원소는 92개밖에 되지 않는다. 따라서 화학자들은 원자번호 92번 우라늄까지 있는 주기율표만 지녀도 행복하다. 이후에 나오는 원소들은 인공적으로 합성된 원소들로, 자연에서는 발견되지 않는다. 이는 기존 원자에 중성자를 충격시켜 인공적으로 만든 원소들로, 매우 불안정해 쉽게 소멸된다. 새로운 원소의 발견은 최소 두 연구진에서 주장할 때 IUPAC와 국제순수응용물리연합^{IUPAP}의 공동위원회가 그 진위를 판단한다. 증명이 완료되면 발견자들의 의견을 참고해 새 원소의 이름을 정한다. 물론 새 원소가 원소주기율표에 들어갈 자리도 결정한다.

과연 화학자들은 92개나 되는 원소들의 특성을 모두 외우고 있을까? 또 화학을 제대로 공부하려면 92개의 원소를 훤히 다 알아야 할까? 다행히 그렇지는 않다. 원소들의 특성은 주기적으로 나타나기 때문이다. 자세한 설명에 앞서 분명히 해야 할 점이 있다. 원소주기율은 멘델레예프가 어느 날 갑자기 발견한 것이 아닌, 이전부터 유사한 주장들이 있었다는 사실이다. 그러나 다음과 같이 전해지는 멘델레예프의 일화를 보면 그가 얼마나 전력을 다해 원소주기율을 연구했는지 짐작할 수 있다.

'나는 꿈속에서 모든 원소가 제자리를 차지하고 있는 표를 보았다. 깨어나자 나는 즉시 그 표를 종이 한 장에 그렸고, 나중에 한 곳 정도만 정정이 필요했다.'

과학자들은 한 가지 일에 집중하면 꿈속에서도 계속 해답을 찾으려 한다. 꿈속에서 뱀이 자기 꼬리를 무는 모습을 보고 벤젠의 분자구조가 고리 모양일 것이라 생각한 아우구스트 케쿨레의 일화도 유명하다.

원소주기율표의 토대를 쌓다

프랑스 화학자 앙투안 라부아지에Antoine Lavoisier는 '화학의 아버지'라 불린다. 그는 화학반응을 정량적으로 해석한 첫 번째 과학자로, 화학반응에 참여한 화합물의 총질량은 반응 후 생성물의 총질량과 같다는 '질량 보존의 법칙'을 발견했다.

1787년에 라부아지에는 〈화학 명명법〉의 공동 저자로 참여해 화합물의 올바르고 체계적인 명명법을 제시했다. 그는 이전에 로버트 보일

이 내린 원소의 정의를 다음과 같이 더
욱 명확하게 정의했다.

어떤 방법으로도 더 이상 분해할 수
없는 물질이 원소다.

그는 한 발짝 더 나아가, 1789년에 저
서 〈화학원론〉에 22개의 원소를 포함한
원소표를 발표했다. 그중에는 산화마그
네슘이나 산화칼슘과 같은 화합물은 물

앙투안 라부아지에

론 빛과 열도 원소에 포함되어 있었다. 이는 230여 년 전 당시의 화학
수준을 잘 보여준다. 바꾸어 말하면, 화학의 역사는 그리 길지 않다는
사실이다.

원소들의 비밀을 파헤치는 노력은 특히 유럽에서 꾸준히 계속되었
다. 라부아지에 이후, 발견한 원소의 개수가 늘어나자 과학자들은 여
기에 어떤 규칙성이 존재하는지 의문을 품었다. 1829년 독일의 화학자
요한 되베라이너Johann Döbereiner가 발표한 '3조원소 법칙'은 원소 간에
존재하는 규칙성 연구에 큰 진전이었다. 이는 원소들을 세 개씩 묶었
을 때 가운데 원소의 원자량이 양옆 원소 원자량의 평균값과 거의 같다
는 법칙이다. 예컨대, 리튬Li-소듐Na-칼륨K, 칼슘Ca-스트론튬Sr-바륨Ba,
황S-셀레늄Se-텔루륨Te, 염소Cl-브롬Br-요오드I가 3조원소 법칙을 따른
다. 염소의 원자량은 35.5이고 요오드의 원자량은 127이다. 이들의 평

균값은 81.25인데, 이 값은 브롬의 원자량인 80에 매우 가깝다.

되베라이너는 원자량뿐만 아니라 밀도와 화학 반응성도 3조원소 법칙을 따른다고 주장했다. 리튬-소듐-칼륨은 모두 낮은 온도에서 녹는 가볍고 무른 금속으로, 알칼리금속이라 부른다. 또 이들은 물과 접촉하면 격렬하게 폭발한다. 지금 봐도 옳은 주장이지만, 그때까지 알려진 54개 원소 중 12개만 이 법칙을 따랐기 때문에 동료들은 우연의 일치라며 그의 이론을 무시했다. 하지만 독일의 하이델베르크대학교 교수 레오폴트 그멜린이 되베라이너의 3조원소 법칙을 계속 발전시켰다. 그는 1843년에 현대 원소주기율표에서 찾을 수 있는 3조원소 55개를 표로 보여주었다. 위대한 작가 괴테가 되베라이너의 화학 강의를 열심히 들었다는 일화는 서양 지식인들의 과학적 호기심을 잘 보여준다. 되베라이너는 화학을 독학으로 공부해 독일 예나대학교의 교수가 된 노력파였다.

되베라이너의 3조원소 법칙을 더욱 확장한 인물은 당시 프랑스를 대표하던 화학자 장 밥티스트 뒤마Jean Baptiste Dumas다. 그는 1857년 학술잡지에 유사한 금속원소 간의 관계를 설명했다. 이는 원소들을 그룹화할 수 있음을 보여준 획기적인 업적으로 꼽힌다. 훗날 멘델레예프가 원소주기율표를 만들고 있을 때, 그의 요청으로 뒤마가 칼슘, 철, 비소, 스트론튬의 정확한 원자량 값을 알려줬다는 이야기도 유명하다. 뒤마가 기체 밀도 측정으로 원자량과 분자량을 결정한 방법은 지금도 중요하게 다루어지는 이론이다.

당시 과학계는 원자와 분자의 개념이 명확하게 정의되지 않아 큰 혼란을 겪고 있었다. '원자'와 '분자'를 혼용해 사용하는가 하면, 존 돌턴 같은 유명한 과학자조차 분자를 '화학 원자'라고 불렀을 정도였다. 원자를 '기본 분자'라 칭하기도 했다.

스타니슬라오 칸니차로

그러던 중 1860년 12월, 독일의 카를스루에서 화학사에 매우 중요한 국제화학자 학술대회가 처음으로 열렸다. 유럽 전역에서 온 유명 화학자들은 물론 멘델레예프도 참가했다. 이곳에서 두각을 나타낸 인물은 이탈리아의 화학자 스타니슬라오 칸니차로Stanislao Cannizzaro였다. 그는 아메데오 아보가드로Amedeo Avogadro가 1811년에 발표한 '모든 기체는 같은 압력과 온도에서 같은 부피 안에 같은 수의 분자를 포함한다'라는 가설을 적용한 표준 원자량 체계를 강력하게 주장했다. 또한, 분자량뿐만 아니라 원자량도 아보가드로의 가설을 따른다는 사실을 입증했다. 실제로 아보가드로의 가설은 나중에 법칙으로 확립되었다. 문헌에 따르면 칸니차로의 연설에 멘델레예프는 큰 감명을 받았다고 전해진다.

이후 칸니차로는 '제노바대학교에 개설된 화학철학 강좌'라는 소논문을 배포했다. 이 글은 자신이 학생들에게 강의했던 내용을 요약한 것이었다. 그는 '하나의 원자량 세트'만이 존재한다고 주장하며, 아보가드로의 법칙이 분자량과 원자량을 확립하는 데 중요함을 강조했다. 또한 원자는 원소의 가장 작은 단위이며, 분자는 화합물의 최소 단위라고 분명하게 정의해 화학계의 혼란을 잠재웠다.

멘델레예프와 원소주기율표

멘델레예프는 독일 칼스루에에서 열린 국제화학자 학술대회에 참가해 유럽 과학자들과 친교를 나눴다. 이후 프랑스와 독일 학술지에 여러 논문을 투고해 그의 이름은 러시아를 넘어 세계로 퍼져나갔다. 당시 35살이었던 멘델레예프에게는 니콜라이 멘슈트킨Nicolai Menshutkin 이라는 젊은 제자가 있었다. 멘델레예프에게 큰 신망을 받던 그는 병상의 멘델레예프를 대신해 논문을 발표했다. 겨우 27세의 나이에 큰 학술대회에서 위대한 화학자 멘델레예프를 대신해 발표한다는 사실은 굉장한 부담이었을 것이다. 발표 내용 중 중요한 부분 일부를 여기에 옮긴다.

저는 원소들을 원자량이 가장 작은 것에서부터 시작해서 순서대로 배열했습니다. 이렇게 했을 때, 원소들의 성질에 주기성이 존재한다는 것을 발견했습니다. 그리고 원소들의 원자량도 원자 크기의 서열과 같았습니다.

우리는 매우 유사한 연속적 순서를 볼 수 있습니다. 리튬, 소듐, 칼륨은 서로 관련이 있습니다. 마찬가지로 탄소와 규소, 질소와 인도 그렇습니다. 이는 원소들의 성질이 원자량에 의해 표현될 수 있으며, 원소들의 체계도 원자량에 근거할 수 있음을 뜻합니다. 이러한 체계에 대한 시도는 다음과 같습니다.

원자량에 따른 원소들의 배열은 원소들 사이에 존재하는 자연적 연관성을 교란시키지 않으며, 오히려 이를 명확하게 보여줍니다. 이러한 비교를 통해 원자량의 크기가 원소의 특성을 결정한다는 결론에 도달했습니다.

결론적으로, 지금까지의 결과를 다음과 같이 요약할 수 있습니다.

첫째, 원소들을 원자량 순서로 배열하면 분명한 주기적 성질이 보인다.

둘째, 화학적 성질이 비슷한 원소들은 백금·이리듐·오스뮴과 같이 서로 비슷한 원자량을 가졌거나, 칼륨·루비듐·세슘과 같이 주기율표에서 아래로 갈수록 원자량이 증가하는 규칙성을 보인다.

셋째, 원소나 원소군을 원자량 순으로 비교하면, 원소들의 원자가수와 화학적 특징의 차이를 확립할 수 있다. 이는 리튬, 베릴륨, 붕소, 탄소, 질소, 산소, 불소에서 볼 수 있다.

넷째, 자연계에 가장 널리 분포된 원소들은 원자량이 작다.

다섯째, 원자량이 원소의 특성을 결정한다. 이는 분자의 크기가 화합물의 성질을 결정하는 것과 마찬가지다.

여섯째, 우리는 미지의 원소를 발견할 가능성이 있다. 아마 알루미늄이나 실리콘과 유사할 것이며 원자량은 65에서 75 사이일 것이다.

일곱째, 원자량에 따라 원소들의 성질을 예측할 수 있다.

멘델레예프의 최초 주기율표를 보면 물음표와 빈칸이 여기저기 끼어있다. 때로는 원소명 없이 예상 원자량만 적혀 있기도 하다. 그는 실리콘과 알루미늄 옆 칸, 칼슘 밑 칸에 물음표와 함께 예상되는 원자량을 적었다. 그리고 이들에 '에카실리콘', '에카알루미늄', '에카붕소'라는 이름을 임시로 부여했다. 이후 발견된 게르마늄, 갈륨, 스칸듐이 이자리들을 차지하면서 멘델레예프의 예언이 정확했다는 사실이 밝혀졌다.

1871년에 멘델레예프의 저서 〈화학의 원리2〉가 출판되었고, 처음으로 주기율에 대한 전반적 내용이 포함되었다. 멘델레예프는 율리우스 마이어, 옥타브 법칙을 발견한 존 뉴랜즈, 나사선으로 원소들을 배열한 알렉상드르 샹쿠르투아를 언급했다. 멘델레예프는 이 세 사람에게 공을 돌리며, "자연의 법칙은 한 번에 확립되지 않는다. 법칙의 인식은 항상 선행된 힌트에서 이루어진다."라고 적었다.

1871년에 러시아 화학회지는 멘델레예프의 보완된 주기율표와 함께 '원소들의 자연적 체계'라는 논문을 게재했다. 수정된 주기율표에서, 그는 처음 도표의 윤곽을 돌려 수평 기둥에는 원소들을 원자량이 증가하는 순서로 원소를 배열하고, 수직 기둥에는 원소들의 주기적 유사성대로 기재했다. 이 형식은 후세대 과학자들에게 전해져 지금도 사용하고 있다. 멘델레예프는 유사한 원소들로 구성된 수직 기둥을 '족', 수평선을 '주기'라고 불렀다.

멘델레예프는 1869년에 만든 주기율표에서 두 가지 원소의 기존 원자량을 새롭게 바꾸었다. 또한 다른 원소들의 원자량에도 의문을 제기했고, 17가지를 더 변경했다. 텔루륨과 요오드의 원자량 순서를 바꾸어 텔루륨은 산소족에 들어가고, 요오드는 불소, 염소, 브롬이 들어있는 할로겐족에 포함했다. 비슷한 이유로, 코발트와 니켈은 물론 금과 백금의 순서도 바꾸었다. 가장 큰 변경은 토륨의 원자량을 116에서 232로, 우라늄의 원자량을 120에서 240으로 각각 두 배가 되도록 수정한 것이다. 시간이 흘러 이러한 변경이 모두 타당한 것으로 입증되었다. 또한 멘델레예프는 우라늄보다 원자량이 큰 '초우라늄' 원소 5개를 예언했는데, 이는 그가 한 예언 중 가장 놀라웠다.

외국 과학자들은 멘델레예프가 1871년에 쓴 논문을 독일 번역본으로 읽었다. 멘델레예프의 업적 덕분에 러시아 화학회는 명성을 얻게 되었다. 영국 화학회, 프랑스 과학아카데미, 그리고 워싱턴의 스미스소니언에서도 과학 간행물을 교환하자는 편지를 차례로 보내왔다. 러시아 과학자들은 바깥 세계로부터 자신들이 인정받았다는 신호에 환호했다.

원소주기율표 파헤치기

세계적으로 표준이 되는 원소주기율표는 다음과 같다.

이 주기율표는 IUPAC이 2018년 12월 1일에 공표한 것이다. 표를 보면 각 원소기호 위에는 원자번호, 아래에는 이름과 평균 원자량이 적혀 있다. 원자번호 93번(Np, 넵투늄)부터는 원자량이 기재되지 않았는데, 이 원소들은 매우 불안정하여 정확한 원자량 측정이 불가능하기 때문이다.

앞에서 언급했듯이, 처음에 멘델레예프는 원자량 순으로 원소들을 나열한 주기율표를 제안했으나, 후에 원자구조와 전자배열에 관한 지식이 늘어나면서 원자량 대신 원자번호(원자핵의 양성자수)를 사용하

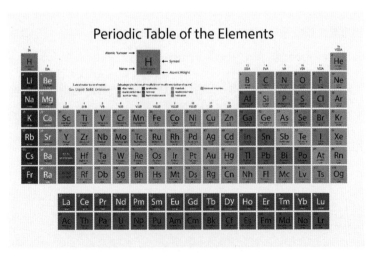

IUPAC 원소주기율표

는 것이 원소주기율을 더 잘 보여줌을 알게 되었다. 이 과정에는 헨리 모즐리Henry Moseley의 공헌이 크다. 따라서 원소주기율표를 때로는 모즐리의 주기율표라고 부른다.

주기와 족

원소주기율표에서 가로줄을 주기라 부르며, 1주기부터 7주기까지 존재한다. 2주기와 3주기에는 원소가 8개씩 있고, 4주기와 5주기에는 각각 18개의 원소가 있다. 6주기와 7주기에는 너무 많은 원소가 들어가므로 따로 떼어 란타넘족과 악티늄족을 만들었다.

원소주기율표의 세로줄을 족이라 한다. 흔히 수소를 제외한 1족을 알칼리 금속족이라 부른다. 2족은 알카리토 금속족, 14족은 탄소족, 15족은 질소족, 16족은 산소족, 17족은 할로겐족, 18족은 불활성 기체족이라 부른다.

1주기의 두 원소의 원자는 s전자만 가질 수 있어 2개의 원소가 한 주기를 만들며, 2주기와 3주기 원소들은 s전자(최대 2개)와 p전자(최대 6개)를 가질 수 있어 8원소가 한 주기를 만든다. 4주기와 5주기 원소의 원자들은 s, p 전자에 덧붙여 d전자(최대 10개)까지 가질 수 있어 18개의 원소가 한 주기를 이룬다. 6주기와 7주기에는 s, p, d전자 외에 f전자(최대 14개)를 추가적으로 수용 가능하므로 32개의 원소가 한 주기를 만든다. 2018년에 오가네손Og이 7주기 마지막 자리를 차지했다. 흔히 d와 f 궤도함수 전자를 지니는 원소들을 전이금속이라 부른다.

원소의 원자들이 지니는 전자의 배열과 특성은 이들의 화학적 성질을 결정하는 중요한 정보다. 때로는 한 주기의 원소들이 지닐 수 있는 최대 전자 수는 $2n^2$ 이라는 법칙을 따른다. 여기서 n은 주기수를 의미한다.

원소의 주기적 성질

주기율표상에서 같은 주기와 족의 원소들은 몇 가지 주기적 성질을 보여준다. 다음 현상들이 왜 관찰되는지 이해하면 화학의 기초를 쌓을 수 있다.

1. 같은 주기에서 원자번호가 클수록 원자의 반지름은 작아진다.

2. 같은 족에서 원자번호가 클수록 원자의 반지름은 작아진다.

3. 같은 주기에서 원자번호가 클수록 양이온 반지름은 작아진다. 또 원자번호가 클수록 음이온 반지름도 작아진다. 단, 음이온의 반지름은 양이온 반지름보다 크다.

4. 같은 족에서 원자번호가 클수록 양이온이나 음이온의 반지름도 커진다.

5. 같은 주기에서 원자번호가 클수록 이온화 에너지가 커진다. 같은 족에서는 원자번호가 클수록 이온화 에너지가 작아진다.

6. 같은 주기에서 원자번호가 클수록 전자 친화도가 증가한다. 즉, 전기음성도가 증가한다. 같은 족에서 원자번호가 클수록 전자 친화도는 감소한다. 즉, 전기음성도가 감소한다.

원자의 구조도 모르던 시대에서 화학자들은 끈기와 천재성으로 원소주기율표를 탄생시켰다. 특히 멘델레예프의 노력은 눈부시다. 그는 유럽의 여러 과학자들과 접촉해 얻은 원소의 원자량 값을 신중하게 검토해 원소주기율표를 완성했다. 멘델레예프는 국제적 협업을 추구한 열린 마음의 소유자였다.

멘델레예프가 아닌 마이어가 원소주기율표를 최초로 발견했다는 주장도 있다. 분명 마이어의 주기율표는 멘델레예프의 주기율표와 유사한 점이 있다. 그러나 마이어는 이 아이디어를 발표하지도 않았고, 그가 죽은 1895년에야 그 사실이 알려졌다. 이 밖에도 프랑스의 상쿠르투아, 영국의 윌리엄 오들링, 독일계 미국인인 구스타부스 힌리힌스 등이 멘델레예프보다 일찍 원소주기율 아이디어를 발표했지만 멘델레예프의 주기율표보다 정확성이 떨어졌다. 원소주기율표의 역사를 보면 누가 무엇을 먼저 발견했다는 사실보다 더 중요한 것이 있음을 알 수 있다. 바로 과학자의 인성과 영향력, 그리고 지식을 명확히 구현해 과학발전에 기여할 수 있는 능력이다.

사람들은 멘델레예프가 왜 노벨화학상을 받지 못했는지 의아해한다. 사실 멘델레예프는 1905년 스웨덴 왕립과학아카데미의 회원이 되었다. 다음 해에 노벨위원회는 노벨화학상 후보자로 그를 추천했다. 스웨덴 왕립과학아카데미의 화학부도 이를 지지했다. 대부분의 경우 스웨덴 왕립과학아카데미는 화학부의 추천대로 최종 결정을 해왔으나 이변이 생겼다. 노벨위원회의 한 위원과 스반테 아레니우스가 멘델레예프의 수상을 반대한 것이다. 멘델레예프와 사이가 좋지 않던 아레니우스는 노벨위원회의 위원은 아니었으나 스웨덴에서의 영향력은 엄청났다. 결국 프랑스의 앙리 무아상이 노벨화학상 수상자가 되었다. 신기하게도 무아상과 멘델레예프는 다음 해인 1907년 2월에 사망했다. 멘델레예프는 73세, 무아상은 55세였다.

20세기에 들어서면서 원자의 구조, 특히 원자 내의 전자 배열에 관한 지식이 확장되면서 원소주기율표는 더욱 발전했다. 원소들은 원자량이 아닌 원자번호 순으로 배열되었고, 주기와 족도 더 세분화했다. 원소주기율표는 점점 복잡해졌지만 원소들의 특성을 더욱 명확하게 보여줄 수 있게 되었다. 또한 원자가 지닐 수 있는 전자궤도 함수가 원자의 크기에 따라 s, p, d, f로 확장되었다. 이러한 과학적 발견이 현재의 원소주기율표에 모두 숨어있다.

전 세계가 IUPAC이 인정한 단 하나의 원소주기율표를 사용하고 있다. 이 얼마나 다행스러운 일인가. 오늘도 책상 위에 붙여놓은 원소주기율표를 유심히 바라본다. 아니, 우주를 읽어본다.

초중원소의 발견은 어디까지 가능할까?

지구상에는 91개의 원소가 발견되었으며, 이들 원소는 원소주기율 표에 속해있다. 원자번호 92번인 우라늄보다 원자번호가 큰 원소들은 모두 불안정해 수명이 짧다. 현재 원자번호 118번인 오가네손^{Og}까지 알려졌다. 여기서 큰 의문이 생긴다. 과연 얼마나 무거운 원소까지 존 재할 수 있을까? 왜 이 무거운 원자들의 존재를 최근에서야 알게 되었 을까? 누가 이를 인증하고, 새 원소들의 이름은 어떻게 명명할까?

원소주기율표를 잘 살펴보면 원자번호 57번인 란타넘^{La} 다음에는 72번인 하프늄^{Hf}이 온다. 그 사이에는 원자번호 58번 세륨^{Ce}에서부터 71번 루테튬^{Lu}까지 14개 원소가 란탄계열을 만들면서 별도로 주기율표 밑에 자리 잡고 있다. 또 89번 악티늄^{Ac} 다음인 90번 토륨Th부터 103번 로렌슘^{Lr}까지 또 14개의 원소가 악티니드계열을 만들며 란탄계열 밑에 자리 잡고 있다. 란탄계열은 흔히 희토류 원소들이고, 악티니드계열은 모두 방사성 원소들이다. 이 두 계열은 모두 f전자 부준위에 전자가 채워 들어간다. f전자껍질에는 최대 14개의 전자가 들어갈 수 있기 때문에 14개 원소가 가능하다.

초중원소들

우라늄보다 더 무거운 원소를 뜻하는 초우라늄은 우라늄 핵에 중성자나 고에너지 양이온을 충격시켜 만든다. 초기 이런 연구는 대부분 UC 버클리대학교의 글렌 시보그와 앨버트 기오르소 연구진이 수행했다. 이어 러시아 두브나의 핵연구공동연구소JINR에서 게오르기 플료로프가 이끌던 연구진들도 이 분야에 공헌했다. 캘리포니아 연구진의 업적과 관련된 원소의 이름으로는 95번인 아메리슘Am, 97번인 버클륨Bk, 116번인 리버모륨Lv이 있고, 러시아 연구진관 관련된 이름으로는 105번 두브늄Db과 114번 플러로븀Fl이 있다.

초중superheavy원소 동위원소들의 반감기는 매우 짧을 뿐 아니라 가속기에서 얻어지는 양도 극미량이기 때문에 얻을 수 있는 원자도 소수다. 극미량의 시료로 새로운 원소의 성질을 규명하는 과학자들의 능력이 경이로울 따름이다.

커다란 의문과 신비로운 가능성

주기율표를 보면 원자번호 89번 악티늄Ac 다음에 104번 러더포듐Rf 부터 원자번호 112인 코페르니슘Cn까지는 소위 전이금속에 속하며, 113번부터 118번은 13족(붕소족)부터 18족(비활성기체족)의 자리를 차지하여 7주기를 완성한다. 그렇게 되면 현재 사용 중인 원소주기율표의 모든 자리가 채워진다. 여기서 우리는 질문을 던질 수 있다. 원자번호가 118번보다 더 높은 번호의 원소들도 과연 만들어질 수 있을까?

원자번호 113번, 115번, 118번은 2000년대 초에, 117번은 2010년에 발견되었지만 아직 119번 원소는 보고된 바 없다. 다시 말해 원소주기율표의 새로운 주기인 8주기 원소들이 아직 발견되지 않았다는 것이다. 물론 이를 위한 시도는 이전에도 있었다. 러시아 핵연구공동연구소 연구자들은 2007년에 이미 플루토늄 핵에 가속된 철이온을 충격해 원자번호 120인 새로운 원소 합성을 시도했으나 실패했다. 같은 해 독일의 다름슈타트에 있는 헬름홀츠 중이온연구센터GSI는 우라늄 핵에 니켈이온을 충격시켜 120번 원소 합성을 시도했으나 역시 실패로 끝났다.

새로운 원소를 합성했거나 발견했다고 해서 곧바로 그 원소가 주기율표에 등록되지는 않는다. 이는 필자가 2008~2009년 회장을 역임했던 국제순수응용화학연합IUPAC의 인증절차를 거쳐야 가능하며, 국제순수응용물리연합IUPAP이 공동으로 수행한다. 이들은 둘 이상의 연구진이 원소 발견을 주장해야 인증 작업을 시작한다. 모든 실험과정과 결과, 시설, 증거, 재현성 등 치밀한 검토가 뒤따른다. 원소명 제정은 마지막 과정으로, 최초 발견자들의 의견을 존중한다.

악티니드에 칼슘이온을 충격시켜 원자번호 114~118번의 원소가 합성되었으나, 이 방법으로는 그 이상의 원소 합성은 불가능해 보인다. 훨씬 강력한 빔을 생성하는 초중원소 공장이 2019년 러시아 두브나에 건설되었지만, 여기에서 더 무거운 원소 합성이 가능할지 아직은 미지수다. 한 세대가 끝나기 전에 원자번호 124번 원소까지는 나오지 않을까 조심스럽게 추측하고 있다. 중원소 합성 방법의 한계를 극복하기 위해서는 핵이전반응을 유도해야 한다는 의견이 있다.

초중원소와 안정된 섬

여러 물리학자들이 몇 번째 원자번호까지 가능할지 이론적으로 예측했으나, 의견이 일치하지는 않았다. 리처드 파인만은 137번 원소까지 가능하다고 했으나 170번 원소도 가능하다는 의견도 있었다.

가장 최근 발견된 4개의 원소는 모두 방사성 원소로, 반감기가 1분도 되지 않는다. 그러나 일부 물리학자들은 원자번호가 120~126번인 원소들은 주기율표에 '안정된 섬Island of stability'을 이룰 것이라고 기대한다. 이들의 주장은 이 원소들의 핵에 포함된 '신비'한 양성자와 중성자의 수가 핵 부준위shell를 채우게 된다는 점에 근거한다. 그러면 핵의 안정성이 증가될 수 있기 때문이다. 특히 '신비'한 양성자 수와 중성자 수를 동시에 지닐 126번 원소는 다른 원소보다 수명이 길 것으로 예상된다. 그러나 이 원소의 반감기가 몇 마이크로초에서부터 몇 백만 년이 되리라는 예측이 혼재하고 있다. 어쨌든 중성자 수가 184개에 가까운 원자들이 상대적으로 더 안정된다고 예측된다. 그러나 이렇게 많은 중성자를 공급할 수 있는 핵을 발견하는 것은 현재로는 불가능하다.

그렇다면 왜 과학자들은 초중원소에 혈안이 되어 있을까? 크게 두 가지 이유를 들 수 있다. 첫째는 물리학자들의 이론 검증과 새로운 원소 존재 가능성을 기대하는 과학자들의 호기심이다. 둘째는 초중원소들로 만들 수 있는 새로운 화합물의 구조와 특성이다. 몇 년 전 필자는 멘델레예프의 고향인 토볼스크에서 러시아 학술원이 개최한 국제학술 심포지엄에 참여했다. '초중원소의 발견과 그들의 특성'이라는 주제로 토론이 진행됐는데, 안정한 초중원소로 새로운 소재를 무궁무진하게 만들 수 있다는 내용에 매우 흥분했던 기억이 난다.

원소명을 사수하라!

원소주기율표에 새로 추가될 원소명에 자신의 이름이나 지역명이 들어가는 것은 당사자들에게 굉장히 영광스러운 일이다. 주기율표가 사용되는 한 세계인들은 그 이름을 기억할 것이며, 이는 노벨상을 훨씬 능가하는 명예이기 때문이다. 원소 표기법 결정의 최종 권한은 IUPAC에 있다. 필자가 회장을 맡을 당시, 112번 원소의 이름을 두고 벌어졌던 일화가 기억난다. 천문학자 코페르니쿠스의 이름을 딴 코페르니슘에 'Cp'라는 원소기호가 제안되었다. 그러나 Cp는 일정 기합 하의 열용량을 의미하기 때문에 필자를 포함한 여러 사람이 반대했고, 결국은 'Cn'을 사용하기로 했다.

104번 러더포듐^{Rf}의 이름이 결정될 때 러시아의 두브나 핵연구공동연구소와 미국 캘리포니아대학교 연구팀 사이에 큰 논쟁이 벌어졌다. 누가 먼저 104번 원소를 합성했냐는 것이었다. 두브나 핵연구공동연구소는 1964년에, 캘리포니아대학교 연구팀은 1969년에 원소를 발견했다고 주장했다. 104번의 원소명으로 러시아팀은 구소련의 핵물리학자 쿠르차토프의 이름을 딴 '쿠르차토븀'을 원했고, 미국팀은 뉴질랜드의 물리학자 러더포드의 이름을 딴 '러더포듐'을 원했다.

1992년부터 시작된 이 논쟁은 5년 후인 1997년에 IUPAC이 미국의 손을 들어주며 끝났다. 대신 105번 원소명은 두브나 연구소를 기념해 '두브늄'으로 결정되었다. IUPAC은 원소명을 어떤 방식으로 정할지에 관한 구체적인 가이드라인은 가지고 있지 않다. 지금까지는 신화적 인물이나 개념, 특수 원소가 들어있는 광물, 지역명, 원소 특성, 원소 발견자의 이름 등이 사용되었다. 1~16족에는 '-ium', 17족은 '-ine', 18족은 '-on'이라는 어미를 붙여왔다.

원자번호 113번은 일본 과학자들의 업적을 기려 니호늄^{Nh}으로, 115번은 러시아 모스크바의 이름을 딴 모스코븀Mc, 117번은 미국 테네시주에서 착안한 테네신Ts, 118번은 러시아 핵물리학자 오가네시안Organessian의 이름을 따 오가네손Og으로 명명되었다. 의견 조정이 쉽지 않을 때는 몇 년씩 기다려야 원소들이 이름을 갖게 된다. 올해 5월 가동을 시작한 한국의 중이온 가속기 '라온'으로 새로운 원소를 발견해 우리나라와 관련된 이름인 '코리아늄'이 주기율표에 등장하길 바란다. 일부에서 그 많은 예산을 낭비하면서까지 그런 연구를 해야 하는가에 의구심을 지닌 과학자들도 많지만, 그들을 설득할 수 있는 연구 결과를 기대해 본다.

화학으로 본 생명의 탄생과 진화

　2012년 영국 옥스퍼드대학교의 로버트 윌리엄스와 로잘린드 리카비 교수가 공동으로 발간한 〈진화의 운명-환경과 생명의 공동 진화 화학〉과 영국왕립화학회 뉴스지 〈케미스트리월드〉에 발표한 '진화의 화학적 설명'을 읽고 필자는 많은 감명을 받았다. 이와 관련하여 두 교수를 비롯한 여러 과학자의 견해에 의견을 덧붙여 이야기하겠다.

　1948년에 옥스퍼드대학교 화학과를 졸업한 윌리엄스는 90살까지도 활발하게 집필 활동을 했던 과학자였다. 1950년에 같은 대학에서 어빙 교수의 지도로 박사학위를 받았다. 그 후 하버드대학교와 스웨덴의 웁살라대학교에서 연구를 마친 후 옥스퍼드대학교로 돌아와 생화학 교수가 되었다. 그는 무기화학과 생화학을 융합시킨 인물로, '생무기화학의 할아버지'로 불리며 700편 이상의 논문을 발표했다. 공동 저자인 리카비는 젊은 나이에 케임브리지대학교에서 지구과학 박사학위를 취득한 인물로, 우수성을 인정받아 다수의 국제적인 상을 받았다. 현재는 옥스퍼드대학교의 생지구화학 교수로서 광물화 생물체의 진화, 해양화학, 대기 조성과 기후 사이에 일어나는 여러 가지 복잡한 상호작용 등 다양한 연구를 수행하고 있다.

그동안 우리는 물리학자가 가르치는 대로 우주의 탄생을 배우고, 찰스 다윈 같은 생물학자나 분자생물학자의 주장을 따라 생물체의 진화를 이해했다. 그러나 우주가 탄생하고 지구가 만들어진 이후 어떤 화학반응을 거쳐 지금의 생태계가 탄생했는지 화학적 입장에서 이해하려는 노력은 부족했다. 따라서 지금의 생태계를 형성한 지구 안팎의 환경 변화와 화학반응을 살펴보는 일은 정말 흥미롭다.

인간이 건강을 유지하려면 동식물 섭취를 통해 여러 금속원소를 얻어야 한다. 지구 초기 환경의 화학적 변화가 생물체의 진화를 이끌었고, 또 생물체가 화학물질을 배출함으로써 환경 변화가 발생했음을 생각해 보면 생명화학의 진화와 환경이 상호 의존한다는 주장은 매우 자연스럽다.

지구 탄생의 비밀

지구의 나이는 약 45억 만 년으로 태양계 성운들의 결착으로 초기 뭉치가 형성됐다. 이 결착이 얼마나 오랫동안 지속되어 지구가 탄생했는지는 확실치 않으나, 수백만~1억 년 정도로 추측된다. 그러면 초기 지구를 만든 물질들은 무엇일까?

138억 년 전으로 추정되는 우주의 '대폭발Big Bang' 직후 우주는 수소, 헬륨, 초신성이 내뿜은 더 무거운 원소들로 이루어져 있었다. 원시행성 디스크로부터 우주가스, 먼지, 디스크 파편 들이 모여 원시지구를 만들었으며, 이 결착이 약 45억 년 전까지 계속되어 현재의 지구를 만들었다. 초기 지구의 조성을 알아보기 위해서는 지구에 충돌할 때까지 용융, 분할을 거치지 않은 석질운석의 조성을 살펴보면 된다. 새로 생긴 지구는 매우 뜨거웠고 번개, 화산 폭발 등이 계속되는 환경이었다. 이런 과정에서 수소와 헬륨처럼 가벼운 기체원소들은 대기 밖으로 빠져 나갈 수밖에 없었다.

무엇보다도 지구상에 생명체가 출현하기 위해서는 물의 존재가 필수적이었다. 아직까지도 지구상에 물이 어떻게 생겨났는지에 대한 정설은 없다. 아마도 증발이 쉬운 수분을 많이 함유하고 있던 혜성으로부터 공급되지 않았을까 추측된다. 그러나 최근에는 화성과 목성 궤도 사이에 있던 소행성들의 충돌로 수분이 지구로 이전됐다는 설이 지지를 얻고 있다. 혜성의 수분에서 발견되는 중수소D와 수소H의 비율은 해수의 동위원소비와 차이가 크게 나는 반면, 소행성으로부터 온 석질운석들은 해수와 매우 유사한 D/H 비를 보여주기 때문이다. 이런 가설 외에도 지구가 탄생할 때부터 이미 물이 많았을 거라는 설도 있다.

물이 존재한 후부터 지구는 땅, 바다, 대기라는 전혀 다른 세 부분으로 나뉘어 변화했다. 약 45억 년 전과 35억 년 전 사이, 지표와 내부에 변화가 있었고 내부에서 외부로 향한 화산 폭발이 빈번하기는 했으나 지구는 식어가면서 화학적으로 점차 안정을 취했다. 이때는 생명체는 물론 유기 화합물은 나타나지 않고 있었다.

이후에 바다에는 나트륨, 칼륨 같은 금속이온과 염소이온이 많이 녹아 있었고, 칼슘, 마그네슘, 탄산이온, 인산이온도 용해된 상태로 있었다. 그보다 적은 양으로 철과 망간, 니켈, 아연, 몰리브데넘, 구리, 카드뮴 등이 바닷물에 녹아 있었다. 이 같은 금속이온들은 물론 광물도 마찬가지였다. 바닷물이 끊임없이 증발했고, 비가 자주 내려 실리카와 모래의 주성분인 규산염을 계속 용해해 해저와 바닷가에 침적시켰다. 황화물도 같은 작용을 받았다. 특히 지상으로 흘러간 물이 금속광물로부터 칼슘염 등을 녹여낸 뒤 대기 중의 이산화탄소와 반응해 여러 종류의 탄산염을 축적했다.

산소가 없었던 초기 대기는 주로 질소와 암모니아에 메탄, 탄산가스, 일산화탄소, 수소가 꽤 섞여 있는 기체 혼합물이었을 것으로 추측된다. 그중 가벼운 수소와 메탄은 대기권을 쉽게 벗어나 성층권으로 사라졌다. 이산화탄소량이 많은 대기권의 온실효과와 지구의 뜨거운 온도로 지상의 온도도 상당히 높았을 것이다. 이런 환경에서 물이 액체 상태로 지상에 존재하기는 어렵지만, 이산화탄소의 큰 밀도 때문에 대기압이 높았으므로 230℃의 해수 표면 온도에서도 액체 상태로 존재할 수 있었을 것이다.

우주의 대폭발 직후 약 3분 동안 최초의 물질 구성 입자들이 충돌하고 합쳐져 첫 원자핵들이 생겨났다. 초기에 수소가 가장 많이 생겼고, 이어 헬륨과 미량의 리튬 등이 뒤를 이었다. 대폭발로부터 약 10억 년이 지난 후에도 별 내부는 매우 뜨거웠다. 핵융합반응이 진행되어 간단한 원소로부터 탄소, 질소, 산소 등 더 무거운 원소들이 탄생했고, 이어 수소와 산소 간의 화학반응으로 물이 우주에 등장했다.

생명체의 터전을 설계하다

'탄소의 화합물'로 정의되는 유기 화합물은 생명체의 기본이다. 일반적으로 과학자들은 이산화탄소가 탄소의 공급원이었을 것으로 추측하고 있다. 그렇다면 태양계 초기에 이산화탄소는 어떻게 생겼을까?

지구는 결착에 의해 빠른 속도로 성장했고, 이때 발생한 결착에너지의 매립이 지구 내부를 뜨겁고 환류하게 만들었을 것이라고 추정된다. 이로 인해 맨틀이 상대적으로 기압이 낮은 지표에 노출되어 휘발성 성분을 방출했을 것이다. 그렇다면 맨틀이 가스를 방출할 때 대기 중에 나타난 탄소는 이산화탄소, 일산화탄소, 메탄 중 무엇이었을까? 이는 맨틀 상층부의 산화 상태에 의존한다. 환원 형태인 탄소라 해도 초기 지구 대기의 온도, 광화학반응, 산소가 존재할 가능성을 생각하면 지구

생성 직후 지표상의 탄소는 산화된 꼴로 존재할 수밖에 없었을 것이다. 물론 지표에 있던 일부 탄소나 탄소 화합물이 지구 내부가 냉각되면서 지구 내부로 다시 이동했을 가능성도 충분히 있다.

최초의 유기 화합물들은 태양에너지를 받은 이산화탄소와 수소의 반응을 통해 합성된 것으로 추측된다. 다시 말해 이산화탄소가 수소의 광화학반응에 의해 환원되었다는 이야기다. 가장 먼저 수소는 대기로부터 공급되었고, 황화수소와 물이 수소의 공급원으로 뒤따랐다. 탄소, 수소, 산소로 구성된 초기 화합물들이 대기 중의 암모니아와 반응해 더 복잡한 화합물들이 생성됐다. 초기의 혐기성 세포들이 어떤 화학반응을 통해 만들어졌는지 아직 밝혀지지 않았지만, 이들이 거친 화학반응은 환경의 지배를 받았다. 또 세포 형성 후에도 매우 복잡한 단계를 거쳤고, 세포 내에서 핵산이 만들어진 후에는 단백질 합성이 가능해졌다. 연이어 당, 리피드 등의 생합성이 뒤따랐다. 여기서 핵심은 이 반응들이 촉매의 참여와 에너지의 출입이 필수적인 화학반응에 의존했다는 점이다.

그렇다면 초기 세포에 필요한 촉매성 금속이온은 어떤 것들이었을까? 바로 해수에서 얻을 수 있었던 철, 니켈, 마그네슘 그리고 소량의 망간이다. 이 중 철과 니켈은 환원반응에 관여했고, 마그네슘은 활성화 축합반응에 참여했다. 마그네슘은 처음에는 피로인산, 후에는 아데노신삼인산ATP과 결합한 꼴로 축합반응의 촉매 역할을 했다. 이 같은 인산 유도체 합성에 필요한 에너지는 태양에서 공급되었으며, 철과 마그네슘이 합성경로에서 배위 컨트롤을 통해 빠른 속도로 교환반응에 관여했다.

세포 안에서 발생한 에너지의 포집과 유기 화합물들의 합성으로 세포 내 삼투압은 바다보다 커졌다. 삼투압 평형을 위해 세포 내 나트륨이온과 염소이온은 방출되고, 세포 내부의 전해적 중성 유지를 위해 칼륨이온과 인산음이온이 세포 안으로 유입되었다. 세포 내의 유기 화합물을 응집시켜 세포의 기능을 마비시킬 위험이 있는 칼슘이온은 세포밖으로 방출되었다. 세포 주위에서 이온들의 농도 변화는 진화의 종착을 컨트롤하는 인자가 되었다.

세포 내의 빛에너지 변환, 이온과 화합물들의 출입을 통제하는 펌프작용, 합성반응의 진행 등의 촉매반응들은 독특한 선택적 단백질의 기능에 의존했다. 이런 화학이 어떻게 진화하고 코딩되어 협동적으로 변했는지는 여전히 신기하기만 하다.

태양에너지를 이용한 해수의 분해는 수소와 산소를 동시에 발생시킨다. 물론 수산화이온 등 일부 다른 화합물도 생성한다. 산소는 일단 생성되면 주위의 산화가능이온, 원소, 화합물을 산화한다. 산소는 황화수소를 황산이온으로, 제1 철이온을 제2 철이온으로 산화시켰으며, 황화아연을 아연이온과 황산이온으로 산화했다. 이렇듯 산화적 분위기로 환경이 바뀜에 따라 기존의 환원적 분위기에 있던 혐기성 세포들에도 큰 변화가 생겼다. 산소의 강력한 산화력 때문에 초기 세포들도 부분적으로 산화된 유기 화합물을 만들 수 있었다. 그러나 아직 산소량은 매우 낮은 상태였다.

이때 세포에 커다란 변화가 일어난다. 바로 미호기성세포microaerobiccell의 출현이다. 산소의 산화반응과 종전에 일어나던 세포 내의 환원반응이 함께 일어나기 시작했는데, 이를 위해서는 세포구조가 더 복잡하게 변해야 했다. 이른바 구획화가 시작된 것이다. 이런 변화는 현존하는 많은 생물체의 화학적 구조에서 유추할 수 있다.

진핵세포의 출현

화석 연구를 통해 약 25억 년 전 지구상에 새로운 형태의 세포인 진핵세포가 출현했음을 알 수 있다. 진핵세포에는 핵막이 존재하며, 핵 속에는 DNA가 자리한다. 빛에너지를 흡수하고 이를 이용할 수 있는 일부 진핵세포들은 식물세포와 동물세포로 진화했다. 이들의 세포막 콜레스테롤 합성은 전적으로 산소에 의존했다. 콜레스테롤은 세포를 키우고 유연성을 제공한다.

진핵세포들은 환경 변화에 적응할 수 있는 능력을 지녔다. 이는 세포 안팎의 칼슘이온 농도 차이에 따라 세포막이 개폐함을 뜻한다. 특히 칼슘은 단백질과 결합해 퇴적물 입자 같은 고체 표면에 세포를 부착한다. 더 진화된 세포는 미토콘드리아, 엽록체 같은 세포 소기관을 포함해 여러 개의 내부 소포체를 지니게 되었다. 이에 대해서는 박테리아 세포의 포집을 통해 생겼다는 내부공생설이 널리 받아들여졌다. 원래 숙주세포의 먹이였던 원시세포 중 일부가 숙주세포에게 에너지를 공급해주며 공생하다가 숙주세포의 소기관으로 변화되는 진화과정을 거쳤다는 설이다. 이 진핵세포들이 산화성 구리와 몰리브데넘효소를 포함한 새로운 핵구조를 지니도록 진화하자 핵과 연계된 '아연 손가락 전사인자'라는 아연단백질도 생겨났다. 그러나 진핵세포에는 질소를 환원시켜 암모니아를 만들 수 있는 유전자가 없었다. 단백질과 핵산을 합성하기 위해서는 전적으로 원핵생물에 의존해야 했는데, 이 점이 내부공생설에 대한 신빙성을 높여 줬다.

약 20억 년 전, 대기 중에 증가하던 유리 산소의 양이 현재의 약 1%에 도달하자 소강상태가 되었다. 약 30억 년 전부터 증가하기 시작한 산소는 여러 원소를 산화시켰고, 이 과정에서 해수에 포함된 철의 산화로 철광석 띠형성BIF이 생성되었다. 이 퇴적암은 주로 선캄브리아 시대에 형성된 것으로 알려졌으나, 그 후에도 BIF가 만들어졌다. 최근에는 BIF 현상을 일으킨 산소는 광합성 시아노박테리아가 해수를 분해해 만든 것이라는 주장이 등장했다. 이는 세균류와 시아노박테리아를 제외하면 선캄브리아 시대의 생물은 거의 발견되지 않기 때문으로 추측된다.

이 시기를 지나면서 산소는 잔여 환원 상태의 철을 산화시켰을 뿐만 아니라 황화물을 대량으로 산화시켜 황산염을 만들었다. 현재도 해수에는 황산염이 많이 들어있다. 당시 생물체의 진화는 미미한 듯 보이나 생물체 수는 계속 증가했다. 생물계의 진화는 환경과 하나의 생태계를 이루고 있었다.

고생대 생물의 진화

약 10억 년 전 이후부터 생물체 개수가 증가함에 따라 대기 중의 산소 함량이 높아졌다. 늘어난 산화반응으로 환경의 산화 상태는 현재의 조건과 근접하게 변해갔다. 바다에는 전보다 금속이온들이 많아졌고, 황화물에서 구리, 아연, 몰리브데넘이 방출됐다. 이 금속이온들은 세포 내의 새로운 유기화학적 반응의 촉매가 되어 특히 세포 표면 분자들의 산화에 관여했다. 이후에는 세포의 연결조직 형성에도 큰 영향을 미쳤고, 다세포형 진핵세포들은 진화를 통해 피부와 같은 외부막에 포함되었다. 이 같은 진화 양상은 화석을 분석해 확인할 수 있다.

캄브리아 시대 중 생물체가 급격하게 증가한 '캄브리아기 대폭발' 시기에 세포가 분화하고 특수 세포들은 함께 뭉쳐 기관을 형성했다. 아연 효소들은 다리결합하고 있는 연결조직의 가수분해에 참여하며 세포의 성장을 도왔다. 세포들은 성장을 조정하기 위해 저분자량 호르몬들을 생산했다. 기관 활성화가 조정되었다 하더라도 생화학반응은 아직 느렸으며, 호르몬들은 전사인자와 결합해 통제되었다. 또한 전사인자들 중에서는 교환 가능한 아연 손가락 전사인자의 수가 급격히 증가했다.

진핵생물 세포는 반응 속도를 높이기 위해 고등생물의 아드레날린 같은 신호전달물질을 생산해야 했다. 이런 전달물질은 소포체 내에서 생산·저장되었고, 환경 변화에 자극받아 발생한 칼슘에 의해 소포체로부터 방출되었다. 호르몬과 전달물질의 합성에는 구리와 철 산화효소가 함께했다. 이는 현대 생물체를 생화학 관점에서 유추해 얻은 결론이다. 해당 진화는 산소, 구리, 아연 등의 증가에 힘입었다.

진화과정 중 마지막으로 출현한 세포는 속도가 매우 빠른 신호 전달자인 신경세포였다. 동물들은 빠른 동작을 조정하기 위해 신경세포가 필요했다. 신경을 통해 메시지가 이동하는 현상은 신경막 안팎의 나트륨과 칼륨이온의 농도차를 통해 가능했다. 이 같은 작용은 세포 밖에서 시작되며 칼슘이 관여했다. 약 5억 년 전부터 시작된 신경세포의 조정은 뇌의 발생으로 이어진다. 이는 최초의 세포가 형성될 때부터 발생했을 터이고, 환경적으로 산화반응이 진행됨에 따라 생물체의 화학 변화가 일어났던 시간대에도 지속되었을 것으로 추측된다.

멈춰버린 고등생물체의 진화

진화를 말하려면 자연적으로 DNA 복제와 연관 지을 수밖에 없다. 윌리엄스 교수는 특수 단백질이 필요한 이런 큰 변화가 우연한 돌연변이에 의존했다고는 보지 않았다. 더구나 같은 변화가 다양한 생물체에 동시다발적으로 일어났다고 보기는 더욱 어렵다. 여러 가지 가능성을 상정해 볼 수 있겠으나, 윌리엄스 교수는 독성이 있다고 알려진 일부 금속이온들이 복제와 돌연변이에 관여함으로써 생긴 진화적인 유전자와 환경 변화의 연계 가능성을 언급했다.

고등생물체의 진화는 새로운 환경이 주는 긴장감을 최소화하는 방향으로 진화상 복잡성이 커졌다. 그 결과 고등생물체는 하등생물체를 향한 의존성을 높여가며 공생관계를 늘려나갔다. 윌리엄스 교수팀은 다윈이 주장한 '진화 나무'가 공생관계와 환경 변화가 융합된 생물체의 진화로 대체되어야 함을 주장했다.

환경과 생물체 화학의 진화는 약 4억 년 전인 고생대에 멈췄는데, 이는 환경 내 산소 함량이 증가하지 않던 시점과 일치한다. 현존하는 생물체의 다양성을 생각하면 마구잡이 선택이 '진화 나뭇가지'에 관여해 생물종의 다양성을 증가시켰다는 생물진화론자들의 이론에는 어느 정도 수긍이 간다. 2억 4천 500만~6천 600만 년 전 중생대에는 공룡, 겉씨식물, 곤충 등이 번성했다. 신생대에는 현 생물들이 대부분 나타났고, 포유류가 늘어났으며 현 인류가 처음으로 등장하면서 현재의 생물들이 대부분 나타났다.

인간의 출현은 뇌 기능의 발전과 밀접하다. 뇌의 기능을 통해 인간은 모든 재료의 물리와 화학을 이해할 수 있다. 이런 과학적 행위를 통해 인간은 기존 화합물의 구조를 알아내고 그 구조를 바꿀 뿐만 아니라 새로운 화합물을 합성해 환경을 변화시킨다. 인간이 생물체의 진화에 얼마나 영향을 미칠지는 앞으로 지켜봐야 할 중요한 과제다. 윌리엄스 교수가 주장했듯, 환경과 관련해 무기화학에 대한 생물체의 의존 양상 변화뿐 아니라 진화과정에서 생물체들이 서로 어떤 영향을 주고받았는지를 계속 평가해야 한다.

지구는 물, 대기와 끊임없이 상호작용하며 형성되었다. 그러나 태양계 중 오직 이 행성에만 생명체가 탄생하여 오늘날의 모습을 이룬 것인지는 여전히 의문이다. 생명체 대부분은 유기물질이지만 물을 제외하면 지구 형성 초기에 유기물은 존재하지 않았다. 오늘날 우리가 접하는 모든 유기물은 기본적으로 무기물로부터 생성된 것이다.

지금까지 무기물, 특히 무기이온이 어떻게 초기 생물체 형성에 관여했는지 간략하게 설명했다. 사실 무기물→유기물→생물체로 진화하는 사슬구조를 자세히 밝히는 일은 매우 어렵다. 그러나 현대생물의 세포 속에 든 철, 망간, 구리, 몰리브데넘, 니켈, 아연과 마그네슘 등이 매우 중요한 촉매반응에 참여한다는 점을 우리는 잘 알고 있다. 이들 일부는 산화, 환원, 가수분해, 인산전달반응 등에 필수적으로 관여한다.

지금으로부터 약 30억 년~1억 년 전까지 어떤 화학반응이 일어났을지는 논쟁 요소가 많으나 이 글에 서술된 내용은 오늘날 과학계가 확보한 증거에 따른 결론이다. 특히 환경 변화가 기록된 침전물의 동위원소 분석 결과를 많이 따르고 있다.

필자는 생명체의 발생과 진화를 독립적 현상으로 보지 않고, 환경 변화와 상호작용을 통해 발생한 과정으로 관점을 돌려야 함을 강조하고 싶다. 화학반응과 그 생성물이 생물진화의 중심이라는 이야기다. 진화론도 융합적 관점에서 다시 정리해야 할 때가 왔다.

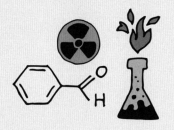

· 3장 ·

인류 문명 속
화학

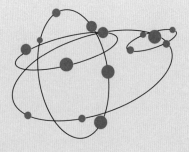

화학의 경이로움을 전한 멘델레예프

러시아 과학자 드미트리 멘델레예프(1834~1907)는 원소주기율표를 처음 발표한 인물이다. 그러나 그의 생애, 주기율표 발표에 숨겨진 이야기, 다양한 연구와 탐사가 러시아에 미친 영향, 러시아의 격동기를 겪으면서 멘델레예프가 보여준 정의감과 인간미에 대해 아는 사람은 아마 별로 없을 것이다. 이제부터 과학적 업적과 더불어 인간적인 면모를 보여줄 그의 역동적인 삶으로 들어가 보자.

멘델레예프의 초기 생애

멘델레예프는 1834년 2월 8일 러시아 시베리아 지역의 토볼스크라는 도시에서 14명의 자녀 중 막내 아들로 태어났다. 그가 3살이 되던 해, 토볼스크고등학교 교장이던 아버지가 시력을 잃고 학교를 떠나게 되면서 가족의 삶은 힘들어졌다. 다행히 어머니가 이웃 도시에 있는 외삼촌 소유의 유리 공장을 운영하면서 생계를 유지할 수 있었다. 어린 멘델레예프는 유리 공장에서 일어나는 여러 현상에 관심을 가졌고, 특히 색유리 제조에 매혹되었다. 그는 6살 무렵부터 이미 화학적 현상과 변화에 깊은 관심을 보였다.

7살이 되던 해, 초등학교에 진학한 멘델레예프는 민첩한 사고력과 뛰어난 기억력으로 선생님들을 놀라게 했다. 그는 매형인 니콜라이 바사르긴에게서 천체, 광물, 석유, 원자 등 다양한 과학 이야기를 들었고 역사도 배웠다. 그가 13살이 되던 해인 1847년, 그의 아버지는 폐결핵으로 사망했다. 이후 멘델레예프는 어머니와 여동생과 함께 생활했다. 그러나 곧 또 다른 불행이 찾아왔다. 아버지가 사망한 지 2년 후, 갑작스럽게 발생한 화재로 유리 공장이 폐허로 변한 것이다. 실의에 빠진 그에게 어머니는 '네가 무엇인가를 죽도록 원한다면 항상 길은 있는 법이란다.'라며 격려했다.

토볼스크에서 고등학교를 졸업한 멘델레예프는 모스크바대학교 진학의 꿈을 안고 어머니, 여동생과 함께 모스크바로 향했다. 모스크바에서 부유하게 살고 있던 외삼촌이 그들을 친절히 맞아주었다. 모스크바의 큰 건물들과 풍요로워 보이는 사람들을 보며 토볼스크에서 갓 올라온 세 식구는 감탄을 금치 못했다.

그러나 모스크바대학교는 멘델레예프가 모스크바 학군 출신이 아니라는 이유로 입학을 거부했다. 두 번째 희망지였던 상트페테르부르크 의대에 지원했으나 역시 거절당했다. 결국 그는 아버지가 다녔던 상트페테르부르크 교육대학교에 장학생으로 입학했다. 그곳에서 멘델레예프는 지도교수인 보스크레센스키에게 화학을 배웠다. 보스크레센스키는 독일 뮌헨대학교에서 농화학의 기초를 세운 폰 리비히의 제자였다. 멘델레예프는 특히 원소의 특성과 기체의 성질에 큰 관심을 가졌다. 그는 이미 화학자의 길을 걷고 있었다. 그러나 불행이 또다시 그를 찾아왔다. 어머니와 여동생이 차례로 폐결핵에 걸려 세상을 떠난 것이다.

멘델레예프는 1855년 교육대학을 수석으로 졸업했다. 대학교 4학년 때 천연광물의 결정구조를 연구했으며, 졸업논문으로 234페이지에 달하는 '결정형과 화학조성 간 관계와 동형'을 제출했다. 멘델레예프를 항상 지켜본 지도교수는 그의 능력과 노력에 감탄했다.

시한부에서 성공한 학자로

멘델레예프의 건강은 더 악화됐다. 부모와 여동생을 폐결핵으로 잃은 만큼 그는 이를 심각하게 받아들였다. 의사는 건강 관리를 하지 않으면 6개월밖에 못 살거라고 경고했다. 결국 그는 1855년에 상트페테르부르크를 떠나 기후가 온화한 크림반도의 심페로폴로 이주해 그곳의 고등학교에서 교직을 맡으며 요양했다. 그러나 크림전쟁이 시작되면서 멘델레예프는 흑해 연안의 오데사에 있는 고등학교에서 물리와 수학을 가르쳤다.

멘델레예프

오데사에서 만난 의사는 멘델레예프에게 새로운 진단을 내렸다. 그가 기침할 때마다 피를 토하는 이유는 폐결핵이 아니라 심장판막의 결함 때문이라는 것이다. 건강에 자신감을 되찾은 멘델레예프는 석사학위 논문 준비를 시작했다. 멘델레예프는 22세가 되던 1856년에 상트페테르부르크 교육대학교에서 물리화학 석사학위를 받았다. 심사위원회는 그의 논문에 다음과 같은 심사평을 남겼다.

이 연구 결과는 고체 상태의 부피로부터 화합과 치환 현상을 구별할 가능성을 제공하며, 비부피를 기준으로 화학결합의 새로운 분류법을 제시했다.

이후 멘델레예프는 '규소 화합물의 구조'라는 제목의 논문을 제출했고, 우수성을 인정받아 대학교의 강사로 임명되었다. 그는 학부 학생들에게 이론화학과 유기화학을 가르치면서 연구에 심혈을 기울였다. 한편 그는 과학 정보국의 책임자가 되어 새로운 염료와 액체 유리에 관한 글을 썼다. 이를 통해 과학의 추상적 이론을 실제 상황에 응용하는 것이 미래를 위해 필요하다고 주장했다. 그는 선진국의 과학을 배우기 위해 독일 하이델베르크로 떠났다.

하이델베르크에서의 유학 생활

하이델베르크로 간 멘델레예프는 독일의 과학자 로베르트 분젠과 구스타프 키르히호프에게서 여러 가지 실험 장비와 실험법을 배웠다. 특히 그는 분광기 기술을 터득했을 때 큰 감명을 받았다. 키르히호프는 분광 분석법을 다음과 같이 설명했다.

칼륨의 자줏빛은 프리즘을 통해 빨강, 파랑 등 여러 색깔의 빛으로 나누어진다. 나트륨 불꽃은 두 가지 노란빛을 보여준다. 모든 원소는 고온에서 가열되면 각각의 고유한 스펙트럼을 보여준다.

그는 이 방법이 새로운 원소를 검출하고 확인하는 데 매우 유용할 것임을 확신했다.

1860년 12월, 독일의 카를스루에에서 개최된 첫 국제화학자 학술대회에 멘델레예프와 지닌 교수는 러시아 대표로 참석했다. 이 학술대회의 목적은 과학적 개념과 용어를 통일하는 것이었다. 당시에는 '원자'와

'분자'의 구별이 명확하지 않아 두 용어가 혼용되었다. 멘델레예프가 보스크레센스키 교수에게 쓴 편지에는 이 같은 혼란이 잘 나타나 있다.

어떤 이들은 각 물질의 입자를 화학적 성질로, 다른 이들은 물리적 성질로만 인정하기를 원합니다. 누군가는 두 견해가 동일하다고 단정합니다.

이탈리아의 칸니차로는 이 회의에서 유기화학과 무기화학 영역에서 원자량은 한 세트만 존재한다고 설명했다. 또한, 원자는 원소의 가장 작은 단위이며 분자는 화합물의 최소 단위라고 정의했다. 나아가 칸니차로는 아보가드로의 기체의 법칙이 분자량과 원자량 확립에 있어 중요함을 강조했다. 칸니차로의 공로로 1860년 카를스루에 학술대회가 화학 역사의 이정표가 되었다.

1860년 2월부터 멘델레예프는 상트페테르부르크에서 유기화학을 강의하게 되었다. 그러나 상트페테르부르크에 도착하자마자 그의 매형 바사르긴이 이미 세상을 떠났다는 소식을 접하고 슬픔에 빠졌다. 한편 멘델레예프는 농노해방 소식에 환호했지만, 농노해방 조건에 불만을 가진 학생들의 계속된 시위로 대학이 폐쇄되는 불운을 겪기도 했다. 이 시간을 활용해 그는 〈유기화학 교과서〉를 집필했고, 전국 대학교에서 이를 교재로 삼았다.

교수로서의 업적과 첫 번째 결혼생활

1862년 봄, 누나의 주선으로 그는 6살 연상인 페오즈바와 결혼식을 올렸다. 결혼 초기에는 모든 것이 잘되는 듯했으나, 멘델레예프가 연구에만 몰두하며 밤을 지새우자 페오즈바가 짜증을 내기 시작했다. 그는 아랑곳하지 않고 자신의 과학적 호기심을 그녀와 공유하려 하지만 번번이 실패했다.

나는 지금 물과 알코올 용액을 연구하고 있는데, 알코올과 물이 어떤 특정 비율로 혼합될 때 용액의 부피가 줄어든다 것을 알아냈소. 용액은 부분적으로 분해된 상태로 존재하는 화합물이었소!

과학적 호기심으로 '알코올류와 물의 결합'이라는 논문을 완성한 멘델레예프는 1865년에 박사학위를 받아 정교수가 되었다. 또한 그는 나라를 위한 사명감으로 정유 방법의 개선과 과학적 영농법에 대한 자문과 연구를 활발히 수행했다.

멘델레예프는 상트페테르부르크에서 기차로 7시간 떨어진 지역의 큰 땅을 사들여 여름마다 그곳에 머무르며 과학적 영농법을 실험했다. 그가 개발한 방법으로 3배나 많은 호밀을 수확할 수 있었다. 그는 농민들에게 기압계, 온도계, 강수량계, 습도계의 사용법을 가르쳤고, 토양에 필요한 다양한 원소를 알려줬다. 페오즈바도 이곳에서의 생활을 즐거워했다. 그녀는 멘델레예프와 더 가까이 지냈으며, 그가 첫째 아들 블라디미르와 함께 노는 모습을 보며 큰 행복을 느꼈다.

1867년 32세의 나이에 유기화학 교수가 된 그는 23년간 학생들에게 열정적으로 화학의 경이로움을 전달했다. 학생들이 과학의 미래를 내다보는 안목을 가지도록 교육하기에 애썼다. 멘델레예프의 강의는 화학에서 출발해 천문학, 기상학, 광물학, 지질학, 생물학, 농경법 등 다양한 과학 분야로 확장했다. 그는 학생들에게 학문을 위한 과학이 아니라, 인류를 위한 과학의 중요함을 가르쳤다. 또한 학생들이 액체실험, 불꽃놀이, 폭발반응 등을 직접 관찰할 수 있게 했으며, 분광기를 통해 각 원소들이 나타내는 독특한 색의 불꽃을 볼 수 있게 했다.

멘델레예프는 영국왕립학회처럼 러시아 과학자들의 공동체를 만들어 1868년 11월 자신의 집에서 창립 회원들과 첫 공식 모임을 가졌다. 러시아 화학회의 출범이 알려지자, 학회 모임에서 연구 발표도 활발히 진행되었다. 이 해에 멘델레예프는 〈화학의 원리〉라는 책을 출간했다. 이 책은 큰 인기를 얻으며 프랑스어, 독일어, 영어로 번역되었다. 영국의 어느 과학자는 그의 책을 진정한 아이디어 보물창고이자 화학의 고전이라고 극찬했다. 멘델레예프는 이 책에 '자연계 질서를 총체적으로 통치하는 사실을 찾고, 그 원리를 발견하는 것이 과학의 기능이다. 과학의 궁전에는 물질과 더불어 설계도도 필요하다.'라고 적었다. 이러한 그의 가치관은 나중에 원소주기율표를 발견하는 원동력이 되었다.

학문적 진전이 일어났던 1868년, 멘델레예프 가족에게 둘째 올가가 태어났다. 그러나 일에만 열중하는 남편의 태도를 보며 페오즈바의 불만은 점점 쌓여만 갔다.

원소주기율의 탄생

멘델레예프는 자연계에서 발견되는 원소들 사이에는 어떤 연관성이 있다는 확신이 있었다. 그는 연구에 몰두했고, 외국 연구자들과 교신하며 정보를 최대한 많이 수집했다. 그는 원소의 특성과 원자량을 확립해 나갔다. 이밖에 녹는점, 임계온도, 광택, 퍼짐성, 밀도, 비중 등을 토대로 원소 간의 비밀을 추적했다.

그러던 중 멘델레예프는 되베라이너가 주장한 '3조원소 현상'에 관심을 두게 되었다. 스웨덴 화학자 베르셀리우스가 할로겐 원소라고 명명한 염소-브롬-요오드는 화학적 반응성에서 유사한 점이 많고, 첫 번째와 세 번째 원자량의 평균값이 두 번째 원소의 원자량과 거의 같다는 것이었다.

한편 1866년 영국의 존 뉴랜즈는 모든 원소를 원자량 순서로 나열하면 여덟 번째마다 성질이 유사한 원소가 나타난다는 '옥타브 법칙'을 제안했다. 그러나 당시 과학계는 이를 비웃었고, 상처받은 뉴랜즈는 그 이상의 과학 연구를 포기했다. 프랑스의 알렉상드르 샹쿠르투아는 원소들을 원자량 순서에 따라 나사선 모양으로 배열하니 유사한 원소들이 수직으로 놓인다는 사실을 발견했다. 그러나 이 중요한 발견도 큰 관심을 끌지 못한 채 무시당했다.

멘델레예프는 원소들의 특성과 원자량을 정리한 도표 상단에 '원소 체계의 개요'라는 제목을 붙여 인쇄한 후, 이를 러시아 화학회 회원들에게 보내 러시아 화학회에서 발표할 논문 준비에 전력을 기울였다. 그는 자신이 작성한 도표 안에서 13.7로 알려진 베릴륨의 원자량을 9.4로, 20으로 알려진 칼슘의 원자량을 40으로 바꾼 이유를 설명하기 위해 철저히 준비했다. 멘델레예프는 자신이 제안한 주기율표에서 아직 알려지지 않은 원소의 위치를 예측했고, 이는 훗날 옳은 것으로 증명되었다. 그러나 불행히도 건강이 악화된 그는 1869년 3월 18일에 개최된 러시아 화학회에 참석할 수 없었다. 그를 대신해 제자인 멘슈트킨이 논문을 낭독했다. 이 내용은 다음 달 러시아 화학회지 첫 호에 게재되었지만, 생각만큼 학계에 관심을 끌지는 못했다.

멘델레예프의 다양한 관심사와 두 번째 결혼생활

멘델레예프의 관심사는 원소주기율 말고도 매우 다양했다. 그는 1869~1875년 사이에 '탄소 분자의 열용량과 복잡성', '탄화수소 화합물들의 비부피', '결정화와 결정화 과정에서 갇힌 물', '이트륨의 원자량' 등 수십 편의 논문을 발표했다. 그의 논문에는 토양 분석과 농업에 연관된 것들이 많았다. 1870년대 초반에는 기체의 성질, 특히 고압과 저압에서의 기체 움직임을 집중적으로 연구했다. 그는 1875년에 기체 관련 연구 내용을 담은 저서 〈기체의 탄력〉을 펴내고 비행을 위한 기구 설계와 기후 조건에 관한 연구를 수행했다. 그는 항공 여행이 미래에 중요한 몫을 차지할 것이라 생각했다. 흥미로운 것은 멘델레예프가 한때 산 자와 죽은 자가 영매를 통해 교신하는 교령술에도 관심을 가졌으며 〈교령술의 비판적 판단을 위한 정보〉라는 책을 출간했다는 사실이다. 그는 이 책의 인세 전부를 기구 제작과 상층권의 기상 연구 단체에 기부했다고 한다.

멘델레예프는 러시아 정부의 요청을 받아들여 미국의 석유산업 개발 상황을 조사하기 위해 미국으로 떠났다. 펜실베이니아주로 간 그는 아직 문제점은 있지만 미국의 석유산업이 활성화되었음을 확인했다. 무엇보다도 석유 시추를 위해 박은 굴대로 가스를 얻고, 이를 운송하기 위해 파이프라인을 건설하는 현장은 매우 인상적이었다. 그는 바쿠 지역에 정유 공장에도 이를 적용할 수 있다고 확신했고, 귀국하자마자 바쿠 지역에 적합한 분별 정유 방법을 발명했다.

멘델레예프가 원소주기율에서 관심을 멀리하는 동안 프랑스에서는 새로운 원소가 발견되었다. 젊은 프랑스 화학자 부아보드랑이 피레네산맥 광산에서 찾은 섬아연광을 분광기로 분석하던 중, 스펙트럼에 진한 보라색 선이 들어있음을 발견한 것이다. 전기분해법으로 이 물질을 분리한 결과, 알루미늄과 유사한 푸른빛이 도는 잿빛 금속으로 드러났다. 부아보드랑은 로마인들이 프랑스를 갈리아라고 부르던 것에서 착안해 새롭게 발견된 금속을 갈륨이라 명명했다. 그는 갈륨의 비중을 4.7이라고 보고했지만, 나중에 멘델레예프가 예측했던 5.91이 옳은 수치였음이 드러났다. 드디어 전 세계 과학계는 멘델레예프의 예측이 진실이었음을 확인했고, 그의 주기율표를 진지하게 받아들였다.

멘델레예프와 페오즈바와의 결혼생활은 계속 평탄치 않았다. 두 자녀조차 부부를 묶어주지 못했다. 부부간의 다툼이 끊이지 않자 결국 별거했다.

멘델레예프가 43세였던 1877년 봄, 그는 조카의 친구였던 안나를 만나게 된다. 안나는 우아하게 생긴 열아홉 소녀였다. 황금빛 머리카락에 푸른 눈, 고운 피부색과 가는 턱을 가진 안나를 보자 멘델레예프는 첫눈에 반한다. 안나를 향한 멘델레예프의 사랑은 걷잡을 수 없이 커져만 갔다. 결국 그는 안나의 아버지에게 결혼을 허락해 달라는 편지를 보냈다. 그러나 자신의 딸은 공부를 더 해야 하니 안 된다는 답변이 돌아왔다. 멘델레예프가 페오즈바와의 이혼에도 실패하자 안나는 아버지의 충고대로 공부를 위해 로마로 떠났다. 실망한 멘델레예프는 식음을 전폐하고 반쯤 병든 상태로 돌아다녔다.

그러는 동안 과학계에서는 기쁜 소식이 들려왔다. 1879년에 스웨덴 화학자 닐손이 가돌린 광석에서 새로운 원소의 스펙트럼을 발견한 것이다. 그는 새로운 원소를 스칸듐이라 명명했다. 스웨덴의 화학자 클레

베가 이 물질을 분석한 결과 멘델레예프가 에카붕소로 예측했던 성질과 거의 같다는 사실이 밝혀졌다. 그의 원소주기율표는 다시 한번 세계를 놀라게 했다. 그러나 멘델레예프의 머리는 온통 안나의 생각으로 가득했고, 병세는 점점 악화했다. 이를 보다 못한 동료들이 나서서 페오즈바를 설득해 이혼을 성사시켰다. 결국 멘델레예프와 안나는 1882년 1월에 결혼했다. 그때 그의 나이는 48세였으며 안나는 24세였다. 멘델레예프는 처음으로 결혼생활의 행복을 느낄 수 있었다. 페오즈바는 연구에만 전력을 바치고 있는 남편을 이해하기 힘들어했으나, 안나는 멘델레예프의 명예와 과학자로서의 생활을 잘 이해했다.

1882년에 멘델레예프는 영국왕립학회가 수여하는 데이비 메달을 수상했다. 그해 말에 안나와 멘델레예프 사이에 딸 류보프가, 다음 해에는 아들 이반이 탄생했다. 1886년에는 쌍둥이가 태어났는데, 아들은 유리 공장을 자신의 가족에게 넘겨주었던 외삼촌의 이름을 따라 바실리로, 딸은 어머니의 이름을 따라 마리아로 지었다.

멘델레예프는 1884년에 스코틀랜드의 에든버러대학교로부터 명예박사학위를 받았다. 그 이후에 런던에서 영국의 저명한 과학자들을 만났다. 이듬해에는 독일의 화학자 클레멘스 빙클러가 광석으로부터 게르마늄을 발견했는데, 이 원소는 멘델레예프가 예견한 에카실리콘과 성질이 매우 흡사했다. 게르마늄의 발견은 멘델레예프가 예측한 6개 원소 중 세 번째였다.

과학과 함께 숭고하게 저문 멘델레예프의 삶

1887년 8월 7일 러시아에서 달이 태양을 완전히 가리는 개기일식이 일어났다. 러시아 과학계는 물론이고 유럽의 여러 나라와 미국의 천문학자 및 과학자들이 이를 보기 위해 몰려들었다. 러시아 기술학회는 개기일식 관찰을 위해 기구에 탈 과학자로 멘델레예프를 추천했다. 그는 요청을 받아들여 열기구를 타고 공중을 날았다. 이전부터 멘델레예프는 '비중법에 의한 용액의 조사'라는 580페이지가 넘는 논문을 쓰고 있었다. 논문을 완성한 후 그는 서문에 아래와 같이 썼다. 멘델레예프가 어머니의 유언을 소중하게 여기며 계속 간직하고 있었음을 알 수 있다.

이 연구를 어머니에게 바친다.

어머니는 공장을 운영하면서도 솔선수범하여 나를 가르치셨다. 그녀는 나를 사랑으로 꾸짖었고, 내가 과학에 전념할 수 있도록 남은 재산과 힘을 쏟아부었다. 어머니는 늘 환상에 사로잡히지 말고 공부해서 숭고한 과학적 진리를 찾으라고 말씀하셨다.

1888년 봄, 러시아 재무장관의 요청으로 멘델레예프는 도네츠 분지의 탄광을 돌아보고 석탄광을 효율적으로 운영하기 위한 개선점을 기록했다. 멘델레예프는 운하 건설을 통해 석탄을 경제적으로 운송하자고 제안했다. 이듬해에 멘델레예프는 영국왕립학회가 요청한 패러데이 강연에 참석했다. 회장인 아벨의 큰 환영을 받으며 그는 5월 31일 영국왕립학회에서 첫 번째로 강연했다.

멘델레예프가 공업과 농업에 기여한 점을 잘 알고 있던 재무부 장관은 1893년 그를 러시아 도량형 국장으로 임명했다. 멘델레예프는 올바른 측정 방법 및 장치의 중요성을 강조했고, 러시아에서 처음으로 미터법을 수립했다. 외국에서는 계속에서 그에게 큰 상을 안겨 주었다. 1894년에 영국 케임브리지와 옥스퍼드대학교는 예순의 멘델레예프에게 명예박사를 수여했으며, 다음 해에는 영국왕립학회가 최고 명예인 코플리 메달을 수여했다.

1890년부터 10여 년간 러시아 밖에서 원소에 관한 새로운 발견들이 줄을 이었다. 마리 퀴리가 라듐과 폴로늄을 발견했으며, 윌리엄 램지와 존 레일리가 아르곤을 발견해 헬륨과 함께 이들을 불활성기체라 불렀다. 램지는 계속해서 네온, 크립톤, 제논 등 여러 불활성기체를 발견해 큰 공을 세웠다. 멘델레예프는 불활성기체들로 구성된 '0족'을 포함한 원소주기율표를 새로 만들었다.

러시아는 공식적으로 멘델레예프가 70세가 된 1904년 생일을 '50년 기념일'로 선언했다. 이는 그가 지난 50여 년간 러시아 과학에 공헌한 사실을 기념하기 위해서였다. 세계 각국으로부터 온 수많은 축하 전보와 편지가 그의 책상을 뒤덮었다. 그러나 그는 1906년 유행성 독감에 걸려 1907년 1월 20일에 73세로 생을 마감했다. 안개 낀 저녁 상트페테르부르크 거리에는 검은 상장을 두른 등불이 인도주의자이며 과학자였던 위대한 인간 멘델레예프에게 경의를 표했다.

로버트 보일의 숨은 조력자, 캐서린 존스

캐서린 존스는 근대 화학의 아버지라 불리는 로버트 보일의 누나로, 보일이 성장하는 데 큰 영향을 끼친 인물이다. 둘은 의학적 치료법을 공유하고, 서로의 과학적 아이디어를 격려했으며, 함께 원고를 수정하고 편집했다. 보일과 가까운 사람들은 캐서린의 영향력을 잘 알고 있었지만, 후세의 역사학자들은 이를 간과했다.

캐서린 존스의 생애

캐서린은 1615년 아일랜드 남부 도시 욜에서 리처드 보일과 캐서린 펜턴 사이에서 태어났다. 15명의 자녀 중 일곱 번째로 태어난 그녀는 로버트 보일보다 12살 많았다. 캐서린의 아버지는 아일랜드 코크시의 부유한 백작이었다. 이 집안의 아들은 당시 최고의 교육을 받았으나, 여성은 교육보다는 좋은 상대와 결혼하는 것이 더 중요시되었다. 그 당시 아일랜드의 귀족 여성은 어린 나이에 결혼했다. 캐서린은 15살에 런던 라넬라의 자작 아서 존스와 결혼해, 캐서린 존스 또는 라넬라 자작부인으로 불렸다. 캐서린은 1남 3녀를 낳았으나 남편의 외도로 결혼생활은 그리 평탄하지 못했다. 그녀는 아일랜드와 런던을 왕래했고, 남편은 주로 여행을 떠나 둘은 거의 별거하며 살았다. 1642년 캐서린이 25세 때, 아일랜드에서 가톨릭 반란이 일어나자 그녀는 자녀들을 데리고 런던에 정착했다. 이후 캐서린은 런던의 지성인들과 활발히 교류하며 친교를 맺기 시작했다. 그녀는 특히 존 밀턴과 친해져 그에게 자신의 조카와 아들의 교육을 맡기기도 했다. 밀턴은 '실낙원', '복낙원', '그리스도 탄생의 아침에' 등 유명한 시를 발표한 셰익스피어에 버금가는 시인이다.

캐서린은 박식가 새뮤얼 하트리브가 결성한 하트리브 독서회의 회원이 되었다. 독일계 영국인 하트리브는 과학, 의학, 농학, 정치 및 교육 등에 조예가 깊은 지성인으로 '위대한 유럽의 박식가'로 불리는 인물이었다. 서유럽과 중앙유럽에서 1630~1660년에 조직된 이 독서회는 지식인들 간의 연결망으로 문학, 기록 등을 공유하고 토의했다. 그녀는 자신의 집에서 이 모임을 가질 만큼 활발하게 활동했다. 독서회 멤버들은 정치, 종교, 과학에 두각을 나타내는 캐서린을 높이 샀으며 그녀의 주장과 의견을 자주 인용했다. 독서회는 당시 새롭게 등장한 유용 실험과학인 화학에 큰 관심을 두었다. 캐서린이 직접 망원경 등의 광학기구를 사용했다는 기록이 있을 정도다. 1644년 유럽 여행에서 돌아온 캐서린은 아직 10대였던 남동생 로버트 보일을 하트리브의 독서회에 소개했다. 또한 보일이 화학에 관심을 보이자 실험실을 꾸며 주기도 했다. 캐서린의 편지를 보면 그녀가 보일의 연구에 큰 영향을 미쳤으며 그에게 용기를 불어넣었음을 알 수 있다. 그녀는 보일의 지적, 정신적 멘토였다.

캐서린은 하트리브 독서회 외에도 '그레이트 튜 서클Great Tew Circle'과 '보이지 않는 대학' 모임에도 참여했다. 이들은 후에 영국왕립협회의 씨앗이 되었다. 그레이트 튜 서클은 1630년대에 영국 옥스퍼드주의 그레이트 튜 저택 사람들과 런던 지식인들의 모임으로 주로 교회 관련자, 문학가, 정치인, 법률가 들이 참여했다. 보이지 않는 대학은 로버트 보일을 중심으로 여러 학자가 서로의 의견을 공유하는 소규모 모임이었다. 이들의 주 관심사는 실험적 연구를 통해 새로운 지식을 발견하는 일이었다.

로버트 보일의 생애

'일정한 온도에서 기체의 부피는 압력에 반비례한다'는 보일의 법칙으로 우리들에게 잘 알려진 로버트 보일은 1627년 1월 25일 아일랜드의 리스모어성에서 태어났다. 그는 형들처럼 어릴 적부터 개인 교습을 받았다. 이튼대학교에서 3년 이상을 공부한 보일은 유럽 여행 중에 이탈리아에서 갈릴레오 갈릴레이의 천문학을 접하게 되었고, 근대 과학에 눈을 떴다.

1644년, 그의 아버지는 보일에게 많은 재산을 남긴 채 세상을 떠났다. 보일은 1652년까지 영국 잉글랜드 도싯Dorset의 스톨브리지 저택에 머무르며 여러 가지 과학 실험을 수행했다.

당시 보이지 않는 대학의 회원들은 런던의 그레섬대학교와 옥스퍼드대학교에서 자주 모였다. 보일은 보이지 않는 대학의 주요 인물로, 모임의 관심사는 '신 철학new philosophy'으로 불리는 자연철학 또는 자연과학이었다. 이는 자연과학이 인간 생활에 유익해야 한다는 프랜시스 베이컨 정신에 크게 영향을 받은 결과였다. 흥미로운 사실은 보일이 1650년에 〈독약을 의약품으로 바꾸는 일에 관해서〉라는 책을 썼다는 것이다. 이는 연금술이 구리를 금으로 바꾸는 방법이 아니라 의료를 위한 수단이라는 의료화학의 사고방식을 잘 보여주는 저서였다. 1654년 보일은 아일랜드를 떠나 옥스퍼드에서 실험과학 연구에 매진했다.

보일은 독일의 물리학자 오토 게리케의 공기펌프 이야기를 읽고 로버트 훅의 도움을 받아 '보일의 기계'라 불리는 압축공기 엔진을 만들었다. 그는 1660년에 공기펌프를 이용한 실험 결과들을 종합한 책을 발간했다. 여기에는 우리가 '보일의 법칙'이라 부르는 내용도 들어있다.

이듬해에는 자신의 관찰을 합리적으로 설명하기 위해 공기의 입자론

을 담은 〈입자철학을 설명하는 데 필요
한 철학적 실험의 예〉를 저술했다. 그의
실험주의와 입자철학은 저서인 〈회의
적 화학자〉에 잘 요약되어 있다. 더구나
1662년에 저술한 〈공기의 탄력과 무게
에 관한 학설의 옹호〉에서는 공기펌프
를 이용해 공기의 탄력을 설명하고 보일
의 법칙을 공식화했다.

로버트 보일

1663년 보이지 않는 대학을 기초로 영
국왕립학회가 출범하면서 보일은 학회의 회원이 되었다. 1680년에는
영국왕립학회의 회장으로 선출되었으나 그는 취임을 거절했다. 보일은
1668년에 누나 캐서린이 살던 런던 펠멜가 저택으로 이사했다. 그는 캐
서린이 집에 꾸며놓은 실험실에서 연구를 계속했고, 그녀가 주최한 과
학 지식인 모임에도 참석했다.

40세가 넘으면서 건강이 나빠지기 시작한 보일은 결국 캐서린이 죽
은 지 일주일 후에 64세의 나이로 생을 마감했다. 보일은 혼합물과 화
합물의 차이와 물체는 더 이상 분해할 수 없는 원소로 되어있다는 사실
을 분명히 밝힌 인물이었다. 그는 '분석'을 중요시했으며 연소, 호흡, 생
리학적 실험에도 몰두한 위대한 실험과학자였다.

캐서린의 눈부신 영향력

캐서린은 화학 중에서도 약초와 화합물을 사용한 치료법 연구에 몰두했는데, 이는 부엌에서도 실험할 수 있었기 때문이었다. 물론 보일을 위해 집에 꾸민 실험실에서도 연구를 수행했다. 캐서린은 작가이자 의사인 토머스 윌리스와 가까이 지냈다. 그는 캐서린과 의료적 처방 개발에도 함께 일했으며, 그녀의 처방 몇 가지는 윌리스가 1674년에 출간한 책에도 포함되었다.

하트리브는 캐서린의 런던 주소를 통해 우편물을 수신했다. 교신 내용을 보면 캐서린은 과학과 의술 외에 정치와 종교에도 깊이 관여한 듯하다. 그녀는 1630년대에는 왕립주의자였으나 1640년대에는 공화주의자였고, 종교의 자유와 정부의 통치 사이에서 합의점을 찾는 방법을 고민했다. 캐서린은 찰스 왕의 누이였던 엘리자베스와 교신하며 종교적 분쟁의 원만한 해결을 강조했다. 또한 당시 영향력이 큰 남성 지식인들과의 교류를 통해 여성의 교육을 왜 강화해야 하는지 설득하기 위해 노력했다.

과학은 남성들의 영역이라 여겼던 1600년대에 캐서린 존스라는 여성의 활약은 대단했다. 그녀는 오늘날 화학의 아버지라 불리는 로버트 보일이 역사 속에서 영원히 빛날 수 있도록 길을 열어 주었다. 뿐만 아니라 정치, 종교, 여성의 권리 등 광범위한 영역에서 사회개혁에 앞장선 위대한 여성이었다. 영국과 아일랜드에 정치적·종교적으로 많은 혼란과 변혁이 있을 때도 그녀는 인류와 이웃을 위해 헌신했다. 늘 새로운 지식을 향해 자기 생을 불태운 캐서린은 76세의 나이에 생을 마감했다.

현재 미국 필라델피아에 있는 오스머 도서관 소장인 미셸 디메오는 캐서린 존스의 일대기를 집필했다. 모든 자료를 꼼꼼하게 검토하고 정리했다는 점에서 높게 평가받아야 한다.

캐서린이 살던 시대의 여성들은 활동에 제약이 있었고 사회 참여도 쉽지 않았다. 게다가 반란, 내전, 왕의 처형, 종교 분쟁, 전염병, 대화제 등 매우 혼란스러운 시기였다. 캐서린의 장례식에서 솔즈베리 주교는 그녀를 '우리 시대의 가장 위대한 인물'이라고 선언했다. 디메오는 캐서린의 생애가 너무도 빨리 그늘 속에 파묻혀버렸다고 한탄했다. 그녀의 동생 보일은 각종 저서, 논문, 글 등이 보존되어 여전히 빛나고 있으나, 캐서린에게는 아무것도 남지 않았다. 기록의 중요성을 다시 한번 느낀다.

전쟁에 악용된 화학

화학무기에 사용되는 화학물질을 '화학전쟁 약품Chemical Warfare Agent, CWA'이라고 하며, 그 상태에 따라 고체, 액체, 기체로 나뉜다. 지난 20세기 동안 각국에서 개발된 약품은 70여 종에 달한다. 전략적 목적이나 화학구조에 따라 분류하기도 하지만, 일반적으로는 인체에 미치는 생리 작용에 따라 다음과 같이 분류된다.

+ **괴롭힘제**: 최루제, 구토제, 악취제 등
+ **무능력화제**: 정신착란제, 환각유도제, 신경안정제 등
+ **치사제**: 미란성 독가스, 피부괴사제, 혈액제, 질식제, 신경제 등

인류는 지난 2000년 이상 천연 독성물질과 합성물들을 사용해 전쟁

용 무기를 만들었다. 그중 병원균을 사용한 생물무기는 가장 비인간적인 무기로 여겨진다. 게다가 핵무기를 제조해 수많은 사람을 죽음으로 내몬 인류의 과거는 공포가 느껴지기도 한다. 특히 두 차례의 세계대전에서 사용된 생물화학무기의 피해와 위험은 인류에게 경각심을 일깨워 주었으나, 아직도 일부 국가들은 이런 무기를 생산하고 비축한다. 지금부터 생물화학무기로 얼룩진 인류의 역사를 살펴보자.

고대부터 시작된 생물화학무기의 역사

기원전 6세기 그리스의 아테네 군부는 코린트 북쪽의 키라시를 포위하고 헬레보어라는 독초로 수로를 오염시켰다. 그리스 남부의 펠로폰네소스 반도 세력은 플라타이아이시에 황 증기를 살포하기도 했다. 1495년 스페인은 나폴리 근처에 살던 프랑스인들에게 한센병 환자들의 피를 탄 포도주를 공급했고, 1650년 폴란드의 포병 대장은 광견병에 걸린 개의 타액을 포탄에 채워 적들에게 발포했다.

1675년 프랑스와 독일은 화학무기 사용을 금지한 첫 번째 국제협정인 스트라스부르 협정을 체결했다. 이후 독을 넣은 총알의 사용이 금지되었으나, 1845년 프랑스는 알제리를 점령해 천 명 이상의 베르베르족을 굴속에 감금한 뒤 연기를 피워 질식시켰다.

헤이그 평화 회의

1899년 네덜란드 헤이그에서 만국 평화 회의로도 불리는 헤이그 평화 회의가 열렸다. 헤이그 평화 회의 23조 '육상전의 법과 관례법 규정'에서는 독물과 독물무기 사용금지, 질식성 또는 유독성 기체 확산을 위한 발사체의 사용 자제를 선언하고 있다. 1907년에 열린 2차 회의에서 내용이 개정돼 현재는 '헤이그 육상전 협정' 또는 '헤이그 육상전 법규' 등으로 불린다. 20세기 전부터 이어온 생물화학무기의 사용이 얼마나 위험하고 야만적이었는지 잘 설명해주는 조약이다.

제1차 세계대전 속 화학무기

1914년 제1차 세계대전이 발발하자 헤이그 협약은 무산되고, 화학무기로 가득 찬 불행한 전쟁 역사가 시작됐다. 전쟁 희생자 약 2천 600만 명 중 100만 명 이상이 화학무기로 사망했다. 초반에 사용된 화학무기는 최루탄이었으나 이후 더욱 강한 화학무기가 등장했다. 1914년 독일군은 폐에 치명적인 클로로황산 디아니시딘이 충전된 탄환을 전쟁에 사용하기 시작했다. 1915년에는 자극제인 브롬화메틸벤질이 장착된 포탄 약 1만 8천 발을 발사했다. 이 밖에도 포스겐, 겨자가스, 염소가스 등이 전쟁에 사용되었다.

제1차 세계대전으로 전 세계는 화학무기의 위험성을 확인했다. 1925년에 이뤄진 제네바 의정서는 병원균과 독가스 등을 이용한 생물화학무기의 사용을 금지하고 있다. 그러나 무기의 개발이나 생산, 비축은 따로 금지하지 않아 더욱 강력한 생물화학무기들이 계속해서 개발되었다. 1936년에 독일의 화학자 게르하르트 슈라더가 신경가스 타분Tabun을 개발했다. 원래는 살충제용이었으나, 독일군은 이를 화학무기로 사용했다. 슈라더는 2년 뒤 타분보다 몇 배나 더 치명적인 신경가스 사린Sarin을 만들었다. 당시에는 독일뿐만 아니라 프랑스, 영국, 일본 등도 탄저병, 보툴리눔, 페스트 같은 병원균을 중심으로 한 대규모 생물무기 개발 프로그램을 진행했다.

이탈리아는 제네바 의정서에 서명한 국가였음에도 1935년 베니토 무솔리니의 화학무기 사용을 막지 못했다. 파시즘을 주도한 이탈리아

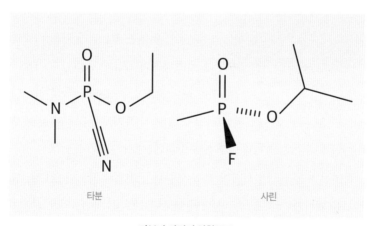

타분   사린

타분과 사린의 화학구조

의 정치인 무솔리니는 겨자가스 폭탄을 사용해 에티오피아 황제 하일레 셀라시에의 군대를 공격했다. 그는 비행기를 이용해 겨자가스를 살포하기도 했으며, 직접 지상에 뿌리기도 했다.

두 얼굴의 과학자

프리츠 하버

독일의 화학자 프리츠 하버는 질소와 수소를 고압에서 반응시켜 암모니아를 합성해 1918년 노벨화학상을 받았다. 그러나 제1차 세계대전에서 독가스 개발을 주도해 '독가스의 아버지'라는 불명예스러운 별명을 얻었다.

프리츠 하버는 지금의 폴란드 지역인 브로츠와프의 부유한 유대인계 가정에서 태어났다. 그는 1886년부터 하이델베르크, 베를린, 샤를로텐부르크대학교에서 유기화학을 공부한 매우 뛰어난 화학자로 1898년 카를스루에대학교에서 교수가 되었다.

하버는 독일의 공업화학자 카를 보슈와 공동으로 암모니아 대량 합성법을 개발했다. 비료의 주원료인 암모니아는 염화수소, 질산과 반응하면 폭발성을 지닌 염화암모늄과 질산암모늄이 되므로 폭약 제조에 사용되었다. 이 같은 연구 성과로 1911년 하버는 카이저빌헬름연구소 소장과 베를린대학교의 교수가 되는 영광을 누렸다.

1914년에 제1차 세계대전이 발발하자 그는 화학무기 개발에 전념했다. 하버는 전기화학 지식이 풍부해 소금의 전기분해로 염소를 쉽게 제조할 수 있었다. 1915년 독일은 벨기에 이프르의 프랑스군에게 하버가 제조한 독가스를 사용했다. 그 결과 약 5천 명의 프랑스군이 사망하고, 1만 5천명 이상이 독가스에 중독되었다. 이 사건은 인류 역사상 처음으로 대규모 화학무기가 사용된 전쟁사였다.

하버의 부인 클라라 임머바르도 화학자였다. 화학무기 개발에 반대했던 그녀는 자신의 신념을 지키기 위해 결국 자살했다. 하버는 부인의 죽음에도 개의치 않고 러시아군을 위해 포스겐 독가스 살포를 도왔다. 독일의 독가스 사용은 영국을 비롯한 여러 나라가 화학무기를 개발하는 데 자극제가 되었다. 제1차 세계대전이 독일의 패배로 끝나자 하버는 전범으로 지목되었고, 스위스로 피신한 뒤 수배자 명단에서 자기 이름이 삭제될 때를 기다렸다. 그러면서도 그는 러시아의 겨자가스 생산 공정을 도와주었다.

하버는 독일에 대한 충성심을 잃지 않았으며 1933년까지 카이저빌헬름연구소 소장을 맡았다. 그러나 같은 해에 히틀러가 독일 내의 유대인들을 공직에서 물러나게 하자 하버는 유럽을 방황하며 지내는 신세가 되었다. 그러던 중 화학자 하임 바이츠만의 초청으로 바이츠만연구소 개소식에 참석하러 가다 스위스의 어느 호텔에서 심장마비로 사망했다. 하버는 가정도 무시한 채 독일에만 충성한 인물이었다. 그의 뛰어난 화학 지식은 인류에게 큰 피해를 준 화학무기 개발에 악용되며 하버에게 불행한 개인사를 남겼다.

제2차 세계대전과 냉전 시대

1943년 5월 11일 한 독일 병사가 튀니지에서 연합군에게 체포되었다. 그가 영국 심문자들에게 털어놓은 이야기는 매우 놀라웠다. 화학자였던 그는 '놀라운 성능'을 지닌 화학무기를 개발 중이라고 진술했다. 그것은 일종의 독극물로 무색에 냄새도 거의 없지만 15분이면 사람을 질식시키는 위력을 지녔다고 했다. 심문자들은 해당 내용을 영국군 정보국에 보냈으나 무시당했다. 이는 제2차 세계대전에서 연합군에게 큰 피해를 준 실수였다.

독일이 개발한 타분, 사린, 소만과 같은 신경 독소 화학무기는 연합군의 화학무기보다 훨씬 강력했다. 1943년 겨울, 독일군이 연합군에게 패하자 히틀러는 독일군에게 화학무기 사용을 지시했다. 또한 나치는 강제 수용소의 유대인 포로들에게 수천 톤의 타분을 생산하도록 지시했다. 그들은 유대인들이 독성분에 과다하게 노출돼 병에 걸려도 치료하지 않았다. 나중에 유대인들을 학살하는 데 독가스를 사용하기도 했다.

당시 일본군은 콜레라균, 이질균, 결핵균, 흑사병균, 탄저균 등이 든

신경가스 VX의 화학구조

생물무기를 사용했다.

제2차 세계대전이 끝난 후 냉전 시대에는 핵무기 경쟁이 심해졌고, 소련과 서방 국가들은 생물화학무기 개발에 투자했다.

1950년대 영국과 미국 연구자들은 피부에 한 방울만 떨어뜨려도 15분이면 사망에 이르는 강한 독성의 신경가스 VX를 개발했다.

영국의 방위 연구의 중심지인 포튼 다운 과학단지에서는 영국 공군병 로날드 매디슨이 사린의 독성을 시험하다 사망하기도 했다. 미국 메릴랜드주의 포트 데트릭 연구원들은 황열 바이러스에 감염된 모기를 키우는 연구를 진행했고, 1968년에는 유타주에 있는 생화학병기 실험소 근처에서 양 수천 마리가 사망하는 사건이 발생했다.

1972년 생물무기금지협약BWC이 체결되면서 생물무기의 개발, 생산, 비축이 전면 금지되었다. 이는 1925년의 제네바 협정보다 강화된 조약이었다. 미국과 소련이 이 국제협정에 함께 서명했으며, 1973년에 미국은 남아있는 모든 생물무기를 파기했다고 보고했다. 미국은 이미 1967년에 화학무기를 배에 실어 심해에 침몰시키는 프로젝트에 참여하기도 했다. 반면 소련은 생물무기 개발 프로그램을 중단하지 않았다. 1979년 우크라이나 남동부 도시에 있던 소련의 생물무기 시설에서 탄저병 포자가 유출돼 최소 64명이 사망했다. 바람의 방향이 반대였다면 수천 명이 목숨을 잃을 뻔한 사건이었다.

생물화학무기를 사용한 각종 테러

국가 간 분쟁이나 내란 시 생물화학무기의 사용은 국제적 협약 및 감시를 통해 어느 정도 통제할 수 있지만, 단체나 개인이 신념을 지킨다는 명목으로 비밀리에 사용하는 경우는 통제가 어렵다.

1980년부터 시작된 이란과 이라크 전쟁에서 이라크는 겨자가스와 타분을 탑재한 폭탄을 비행기에 실어 이란에 투하했다. 당시 이란 사상자의 약 5% 정도가 화학무기의 희생자였다. 1988년 종전 후에도 이라크가 민간인 학살에 화학무기를 사용했다는 의혹이 존재한다.

1983년 CSA라는 백인우월주의 단체는 천연가스 파이프라인을 파괴하는 등 여러 범죄에 연루된 혐의를 받고 있었다. 1984년 미국 연방정부 요원들은 CSA가 운영하는 무장 캠프를 급습했고, 100L 이상의 청산가리를 발견했다. 이들은 수돗물에 청산가리를 풀어 시민들을 테러하려는 계획을 가지고 있었다.

1994년 미네소타 애국단이라는 반정부 무장단원 2명은 생물무기 사용 계획 혐의로 기소되었다. 그들은 생물독소인 리신을 비축하고 있었다. 리신은 아주까리씨에 들어있는 탄수화물 결합 단백질의 일종으로, 미국질병통제예방센터CDC에서 B급 독성물질로 분류하고 있다. 단 1mg으로 성인을 사망에 이르게 하는 치명적인 독성물질이다.

1995년에는 도쿄 지하철에서 옴진리교 맹신자들이 지하철에 사린을 살포해 약 12명의 사망자와 수천 명의 피해자가 발생했다.

2001년 10월, 미국 플로리다주 신문사 더 선The Sun의 편집자가 탄저균이 묻은 편지를 받고 사망했다. 탄저균 편지는 뉴욕시의 방송국과 주지사의 사무실에서도 발견되었다. 총 19명이 탄저병 감염 증상을 보였고 그중 5명은 사망했다. 범죄자가 누구였는지는 밝혀지지 않았다. 그러나 탄저균은 독성이 강한 물질이기 때문에 매우 전문적인 조직이었을 거라고 추측된다.

2020년 8월 20일, 러시아의 반정부 운동가인 알렉세이 나발니가 톰스크에서 모스크바로 이동하던 중 신경독극물인 노비촉에 중독되었다. 그는 혼수상태로 독일 베를린의 한 병원으로 이송되어 치료 후 2020년 9월 22일 퇴원했다. 국제화학무기금지기구OPCW는 나발니의 혈액, 소변, 피부 및 물병에서 노비촉과 관련된 콜린에스테라아제 억제제가 검출됐다고 발표했다. 노비촉은 러시아에서 1970년대부터 개발되어 온 신경독성물질이다.

화학무기 없는 세상이 올까?

1925년 제네바 의정서 채택 후, 생물화학무기의 사용뿐만 아니라 개발, 생산, 비축도 금지해야 한다는 세계적 여론이 거세졌다. 한편으로는 보유하고 있는 화학무기를 모두 폐기해야 한다는 의견도 힘을 얻었다. 1990년 6월 1일 미국의 조지 부시 대통령과 러시아의 미하일 고르바초프 대통령은 미국과 소련에서 화학무기를 파기하겠다는 협약에 서명했다. 그 후 1992년 9월 화학무기금지협약CWC이 마련되었고 이듬해 9월 채택되었다. 2013년 10월까지 앙골라, 미얀마, 이집트, 북한과 남수단을 제외한 190개의 유엔 가입국이 이에 서명했으며, 네덜란드 헤이그에 본부를 둔 화학무기금지기구OPCW가 관리하고 있다.

이 협약에는 화학무기의 사용과 생산을 금지하고, 2012년 4월 29일까지 비축한 화학무기를 모두 파기하라고 명시돼 있다. 파기 여부를 확인하는 OPCW는 활동의 중요성을 인정받아 2013년에 노벨평화상을 수상했다. 1차 파기 최종일인 2012년 4월까지 파악된 화학무기 시약 중 약 73%가 파기된 것으로 보고됐다. 2013년 9월까지 OPCW에 보고된 화학무기 시약은 약 7만 천 315톤, 무기 867만 개, 생산 시설 70곳으로 파기가 진행 중이다.

화학무기에 사용된 화합물을 파기하는 방법은 비교적 쉽지만, 이미 무기화된 것들은 파기가 어렵다. 무기 파괴법 연구가 진행 중이며 파기 작업에 여러 국가와 국제기관이 동원되기도 한다. 화학무기 파기 현황은 국제기관인 화학소재국CMA이 정기적으로 발표하고 있다.

2004년 10월 팔레스타인의 지도자 아라파트가 갑작스러운 통증 후 한 달 만에 사망한 사건이 폴로늄-201에 의한 암살이라는 주장이 나왔다. 스위스 조사팀은 아라파트 시신에서 정상보다 많은 폴로늄-201이 검출되었다고 보고했다. 폴로늄-201은 주로 러시아에서 생산된다.

2006년 말 영국으로 망명한 전 러시아 정보원 알렉산드르 리트비넨코가 런던의 한 호텔에서 전직 러시아 정보원 두 명을 만난 뒤 갑자기 쓰러져 3주 만에 사망했다. 리트비넨코가 마신 차에서 폴로늄-201이 발견되자 암살당한 것이라는 의혹이 쏟아졌다. 이 방사성 동위원소는 주위 세포들을 사멸시키고 유해한 화학반응을 유발한다. 새로운 방사능 독약이 개발될 수도 있다는 사실에 세계가 떠들썩했다.

이런 사례들을 보며 과학의 건설적 성격과 파괴적 성격을 다시 한번 생각한다. 생물화학무기 파기를 위해 여러 과학기술이 동원되고 있지만, 다른 한편에서는 국제협약을 피할 수 있는 신종 독극물이나 생물화학무기가 개발되는 상황도 염려된다. 과학자들은 인류의 평화를 해치는 연구를 거절할 용기와 혜안을 가져야 한다. 과학자는 새로운 진실을 찾는 사람들이지만 그 행위와 결과가 인류와 지구에 도움이 되지 않는다면 무슨 의미가 있을까? 따라서 서로를 살상하는 무기 개발에 에너지를 낭비하는 대신 환경오염, 인구 감소, 식량난, 보건 등 인류가 직면한 문제를 해결하기 위해 노력해야 한다.

맨해튼 프로젝트와 흑인 화학자

레슬리 그로브스 장군

제2차 세계대전 당시 미국과 캐나다는 1941년부터 1946년까지 원자폭탄 개발 프로젝트인 '맨해튼 프로젝트'에 약 13만 명의 과학 기술자를 비밀리에 참여시켰다. 이들은 미국 전역에 있는 국립 연구소에 각각 배치되어 주어진 연구를 수행했다. 전체 프로젝트는 미 육군 소장 레슬리 그로브스 장군이 지휘했으며, 핵물리학자인 로버트 오펜하이머는 로스앨러모스 연구소의 소장으로 원자폭탄의 설계를 책임지고 있었다.

뉴욕 맨해튼에 첫 본부를 설치해 시작한 이 연구는 이후 미국, 영국, 캐나다를 넘나들며 수행되었다. 연구소의 최종 목표는 다음 네 가지였다.

1. 핵분열 연소 시 반응을 유지하는 방법
2. 핵분열 동위원소 우라늄-235를 90%까지 농축시키는 방법
3. 플루토늄-239의 제조 방법
4. 핵분열을 이용한 원자폭탄 제조 방법

소수를 제외하고는 많은 연구자가 이런 목적을 위해 일한다는 사실을 몰랐다. 프랭클린 루스벨트 미국 대통령이 추진한 이 비밀 프로젝트는 당시 부통령이었던 해리 트루먼조차 루스벨트가 사망하기 전까지 프로젝트의 존재를 몰랐다고 한다. 1945년 말까지 4개의 원자폭탄이 개발되었고, 예산의 약 90% 이상이 공장 건축 및 무기 생산에 쓰였다. 어느 기사에 따르면 맨해튼 프로젝트에 참여한 흑인 과학자와 기술자들은 고작 27명에 불과했다고 한다. 실제로는 더 많은 수가 참여했으리라 추측되지만, 전체 숫자를 고려하면 당시 미국 사회의 인종 차별적 분위기를 잘 보여준다.

흑인 화학자 녹스

맨해튼 프로젝트에 참여한 흑인 과학자 윌리엄 제이컴 녹스 주니어

는 우라늄 동위원소 분리를 위한 기체 확산 기술에 크게 기여한 인물이다. 그는 1904년 미국 매사추세츠주 뉴베드퍼드에서 태어났으며 두 남동생이 있었다. 녹스의 할머니는 1861년 린다 브렌트라는 가명으로 자서전 〈노예 소녀의 인생에서 일어난 사건들〉을 출간한 작가였다. 이 책은 미국 고전으로, 당시 흑인 노예들의 참혹한 삶을 확인할 수 있다. 동시에 교육을 통해 녹스 가족의 사회적 위상을 높이려는 강한 의지와 가족사가 담겨있다. 실제로 녹스와 남동생들은 모두 하버드대학교를 다녔을 뿐 아니라 전부 박사학위를 취득했다. 녹스와 막냇동생은 화학을 전공했으며 둘째는 역사학을 공부했다.

녹스는 1921년에 하버드대학교에 입학했으나 흑인이라는 이유로 백인들이 지내던 기숙사에 들어갈 수 없었다. 흑인이었던 그는 사회적 불평등과 차별을 경험해야 했다. 1925년에 화학과를 졸업한 그는 MIT에서 유기화학 석사학위를 마치고 워싱턴 D.C.의 하워드대학교에서 학생들을 가르쳤다. 그러면서 학업도 병행해 1935년 31세의 나이에 MIT에서 화학공학 박사학위를 취득했다. 그 후 1942년까지 노스캐롤라이나 A&T대학교의 화학과에서 분석, 유기 및 물리화학을 가르쳤다. 1942년에는 앨라배마주의 탤러디가대학교 화학과의 과장이 되었다. 1867년에 설립된 탤러디가대학교는 해방된 노예들, 종교 단체, 연방 정부의 협동으로 세워진 흑인 학생들을 위한 대학교이다. 규모는 작지만 현재 졸업생 중 박사학위를 많이 취득한 대학교로 꼽힌다.

맨해튼 프로젝트와 원자폭탄

시카고대학교 실험실에서 핵분열 반응 연구를 진행했던 노벨물리학상 수상자 엔리코 페르미의 연구팀에는 헝가리 태생의 물리학자 레오 실라르드도 있었다. 그는 핵분열 연쇄반응의 가능성을 발견해 아인슈타인과 함께 루스벨트 대통령에게 비밀리에 편지를 보냈다. 독일이 핵폭탄 개발을 시작했으니 미국도 서둘러야 한다는 내용이었다. 이 편지가 계기가 되어 루스벨트는 맨해튼 프로젝트를 시작했다.

핵분열에 가장 널리 사용되는 물질은 우라늄-235와 플루토늄-239다. 이 물질들은 에너지가 큰 중성자와 충돌하면 더 많은 중성자를 만들기 때문에 연쇄적인 핵분열이 일어나고, 곧 어마어마한 에너지를 방출한다. 핵분열 시 질량의 결손(Δm)이 발생하는데, 이를 아인슈타인 방정식($E=mc2$)에 대입하면 질량 결손만큼 에너지가 생성된다($E=\Delta mc2$). 우라늄-235는 핵폭탄 제조에 40kg 이상이 사용되고, 플루토늄-239는 5kg 정도로도 핵폭탄 제조가 가능하다.

미국 정부는 원자 분야에 뛰어난 과학자 몇 명을 뉴욕 컬럼비아대학교에 배치하고, 원자력을 에너지와 무기에 활용하는 연구 계약을 체결했다. 1943년 녹스는 컬럼비아대학교의 연구팀과 함께 맨해튼 프로젝트에 참여했다. 그는 당시 맨해튼 프로젝트에 참여한 흑인 과학자 중 유일하게 연구 관리자 책임을 맡았다. 녹스 연구팀은 기체의 무게 차이를 이용해 우라늄-235를 농축시키는 연구를 수행하고 있었다. 연구진

리틀 보이

들은 실험을 통해 우라늄을 폭약으로 사용하면 기존 폭약들보다 100만 배 이상의 에너지를 방출할 수 있다는 사실을 보여주었다.

맨해튼 프로젝트를 성공시킨 미국은 두 가지 유형의 원자폭탄인 '리틀 보이'와 '팻 맨'을 제조했다. 리틀 보이는 우라늄 핵폭탄으로 길이 3m, 지름 71cm, 무게 4톤 정도였다. 미국은 이 핵폭탄을 1945년 8월 6일 B-29 폭격기로 히로시마 상공 약 9,000m에서 투하했고, 고도 약 550m에서 폭발했다. TNT 약 2만 톤에 해당하는 위력이었다. 팻 맨은 플루토늄 핵폭탄으로 길이 3.2m, 지름 1.5m, 무게 4.6톤 정도에, TNT 약 2.1만 톤에 해당하는 폭발력을 지녔다. 미국은 리틀 보이를 투하한 지 3일 후 팻 맨을 나가사키에 떨어뜨렸다. 일본의 항복을 끝으로 제2차 세계대전은 종결됐지만 그 결과 히로시마에서 약 9만~14만 6천 명, 나가사키에서 약 3만 9천~8만 명의 사람들이 피폭으로 즉사했고 나중에는 이보다 훨씬 더 많은 사람들이 후유증에 시달려야 했다.

녹스는 1945년에 제2차 세계대전이 끝나자 컬럼비아대학교의 연구팀 자리를 떠났다. 이후 뉴욕 로체스터에 있던 이스트먼 코닥의 연구원이 되어 1945년부터 1970년까지 일했다. 흑인 박사로는 두 번째였다.

녹스는 사진기술을 개발하고 특허를 21개나 획득했다. 그는 코닥을 떠난 후 1973년까지 노스캐롤라이나 A&T대학교에서 화학을 가르쳤고, 1995년 91세의 나이에 전립선암으로 사망했다.

팻 맨

녹스는 맨해튼 프로젝트에 간부로 참여한 거의 유일한 흑인 화학자였으며 우라늄 농축이라는 주요 과제를 수행한 인물이었다. 또한 틈만 나면 대학에서 화학을 가르치기를 즐기고 여러 특허를 얻었던 녹스는 흑인으로서 인종차별 철폐 운동에 참여하기도 했다. 성실함과 실력, 인격까지 함께 지녔던 녹스의 인생을 보면 같은 화학자로서 존경심이 절로 생긴다.

세계를 놀라게 한 여성 화학자들

미국의 첫 여성 화학자 밀드러드 콘

지난 2009년 11월 11일 〈뉴욕타임스〉는 생화학자 밀드러드 콘의 사망 소식을 기사로 실었다. 미국 내 다른 신문들도 같은 내용의 기사를 다뤘다. 도대체 콘이라는 여성이 누구였기에 여러 신문사가 그녀를 언급했을까? 〈뉴욕타임스〉에 실린 기사의 첫 글은 다음과 같다.

종교와 성차별을 극복하고 MRI를 비롯한 의학기술 개발에 기여해 신진대사 연구를 발전시킨 생화학자, 밀드레드 콘이 필라델피아에서 10월 12일에 사망했다. 그녀는 96세였다.

콘은 1913년에 뉴욕시에서 태어났다. 그녀의 부모는 유대인으로 1907년경 러시아를 떠나 미국으로 이주했다. 14살의 나이에 일찌감치 고등학교를 졸업한 콘은 곧장 동부 맨해튼에 있는 명문 여자대학인 헌터칼리지에 진학했다. 이 대학은 등록금이 무료였을 뿐만 아니라 인종과 종교 상관없이 자격만 되면 누구나 받아주었다. 콘은 1931년 18살의 나이에 화학과를 우등생으로 졸업했다. 교수는 그녀에게 화학 교사의 길을 권유했지만 콘은 컬럼비아대학교의 화학과 대학원에 진학했다. 이때부터 그녀는 성차별은 물론 종교와 인종 차별을 경험하기 시작했다. 1년 만에 석사학위를 취득했다는 사실도 그녀가 박사학위 과정으로 진입하는 데 도움이 되지 않았다. 여자라는 이유로 조교 자리가 거절되자 그녀는 돈을 모아 경험을 쌓은 후 대학에 다시 돌아올 결심을 했다.

콘은 석사과정을 마친 후 NASA의 전신인 NACA에서 2년간 일하며 열심히 돈을 모았다. 70여 명의 연구원 중 유일한 여성이었던 그녀는 비행기 엔진 개발팀에서 연구했고, 학술논문을 두 편이나 발표했다. 그런 그녀를 상관이 좋게 봐주었으나 승진은 어림없었다. 결국 콘은 다시 컬럼비아대학교 박사과정으로 돌아와 막 노벨상을 받은 해럴드 유리 교수의 지도 밑에서 공부를 시작했고, 산소 동위원소에 관한 연구로 1938년에 물리화학 박사를 취득했다.

콘은 유리 교수의 추천으로 워싱턴대학교의 빈센트 뒤비뇨 교수의 연구실에서 황 동위원소를 사용해 황아미노산의 신진대사에 관한 연구를 수행했다. 그녀는 동위원소 추적자를 이용해 황을 포함하는 화합물의 신진대사 연구를 개척했다. 그러는 동안 그녀는 홀스타인-프리마코프 전환으로 유명한 물리학자인 헨리 프리마코프와 결혼했다.

1946년 프리마코프가 워싱턴대학교의 교수로 임명되자 콘 부부는 워싱턴으로 이사했고, 콘은 워싱턴대학교 의과대학에서 코리 부부의 생화학 실험실 연구원으로 일했다. 그녀는 평소에 관심 있던 분야인 핵자기 공명을 이용해 ATP(아데노신삼인산)반응 연구를 시작했다. 이를 통해 ATP의 구조, ATP의 생태학, 산화성 포스포릴화, ATP에서 ADP(아데노신이인산)로 변하는 반응에 관여하는 이॥가 이온의 역할 등을 발견했다. 그녀는 나중에 한 인터뷰에서 연구 중 가장 흥분했던 순간을 1958년에 NMR 분석으로 ATP의 세 인P 원자를 구별했을 때라고 밝혔다.

1958년에 콘은 연구원에서 부교수로 승진했다. 그녀는 산소의 방사성 동위원소를 사용해 신진대사 경로 중 산화성 인산화반응에서 인산화와 물이 어떻게 전자전달에 관여하는지 밝혔다. 이는 모든 호기성 생물체가 영양분으로부터 ATP 형태로 에너지를 만드는 과정이다. 1960년에 남편이 펜실베이니아대학교로 직장을 옮기면서 콘도 같은 대학의 생물리 및 물리생화학과 교수직을 맡았다.

미국의 〈케미컬헤리티지〉는 '첫 화학의 여인'이라는 제목으로 콘의 일대기를 한 페이지에 걸쳐 실었다. 콘은 생화학 잡지의 첫 번째 여성 편집 위원장이었으며, 또 미국 생화학 및 분자생물학회의 첫 여성 회장이었다. 그녀는 1964년에 미국심장협회가 65세까지 연구를 지원한 인물에게 주는 종신상을 여성 과학자로서 처음으로 수상했다. 또한 1971년에 미국 과학아카데미에 선출되었고, 1983년 70세에 생리화학 명예교수가 되었다. 그러나 같은 해 남편의 죽음으로 그녀는 26년을 홀로 지내야 했다. 콘은 한 인터뷰에서 "제가 프리마코프와 결혼한 일은 큰 행운이었습니다. 우수한 과학자인 남편은 저를 동등한 지식인으로 대우했으며, 저와 함께 과학자의 길을 추구했습니다."라고 말했다.

그녀는 평생 4명의 노벨상 수상자와 연구를 함께하는 행운을 누렸으나 노벨상을 받지는 못했다. 그러나 훌륭한 과학자였던 콘은 유명한 상을 수없이 탔으며, 1983년에는 레이건 대통령으로부터 국가 과학 메달을 받기도 했다. 2009년 10월 12일, 96세의 나이로 생을 마감한 그녀는 사망하기 몇 달 전까지도 연구실에 나갈 만큼 열정적이었다. 미국은 그녀의 업적을 기리며 뉴욕주 세네카에 있는 국가 여성 명예의 전당에 콘의 이름을 올렸다. 사실 사망 전부터 그녀는 이미 명예의 전당에 올라갈 인물로 지명된 상태였다. 처음에는 물리화학자로 출발했다가 생화학의 거목이 된 콘의 인생에서 큰 가르침을 얻는다.

미국의 첫 흑인 여성 화학자, 마리 메이너드 데일리

마리 메이너드 데일리는 미국 뉴욕에서 1921년 4월 16일에 태어났다. 그녀는 어릴 때 미국의 미생물학자인 폴 드 크루이프의 〈세균 사냥꾼들〉이라는 책을 읽고 큰 감명을 받았고, 이 감동이 그녀를 과학자의 길로 이끌었다고 한다.

마리는 일찍부터 화학의 위대함에 큰 매력을 느꼈고, 1942년 퀸즈대학교를 우등생으로 졸업해 화학자가 되었다. 거의 유일한 흑인 여성 졸업생이었다. 이후 마리는 장학금을 받아 뉴욕대학교 화학과에서 1년 만에 석사학위를 받았다. 그리고 1947년 콜롬비아대학교에서 '췌장 아밀라제를 이용한 옥수수 녹말 분해 연구'로 박사학위를 취득했다. 그녀는 미국에서 첫 흑인 여성 화학박사가 되었다.

이후 그녀는 록펠러대학교에서 분자생물학의 거장 알프레드 미르시키 박사의 지도를 받으며 새포핵의 조성과 신진대사 참여, 단백질 합성을 연구하며 체내에서 단백질이 어떻게 만들어지는지 밝히려 노력했다. 1950년대 초 마리와 미르스키는 히스톤의 조성과 특성에 관한 연구도 했다. 핵 속에 있는 히스톤이라는 단백질은 DNA 가닥이 감겨있는 형태를 띠는데, 이는 진핵생물의 매우 긴 유전자가 세포핵으로 침투하기 위한 응축과정을 돕는다. 히스톤은 염색체의 기본단위인 뉴클레오솜의 중심 단백질로, 유전자 발현 조절에 중요한 역할을 한다. 미르스키 교수와 7년의 연구를 마치고 마리는 1955년 콜럼비아대학교의 의과대로 돌아와 생화학을 가르치기 시작했다. 동시에 그녀는 혈액 중 콜레스테롤 수준이 동맥의 막힘에 어떻게 영향을 끼치는지에 관해 연구했다. 또한 흡연이 폐와 심장 건강에 어떤 영향을 주는지, 설탕과 호르몬인자들이 고혈압에 어떤 영향을 미치는지도 연구했다. 그녀는 미국심장협회의 연구원을 겸직했으며, 1970년에는 뉴욕 과학학술원 회원이 되었다. 1999년, 마리는 미

마리 메이너드 데일리
(ⓒ 앨버트 아인슈타인 의과대학 아카이브, 사진작가 테드 버로스)

국 기술협회가 선정한 과학공학 및 기술 분야의 최우수 여성 50인 중 한 명으로 이름을 올렸다. 그녀의 업적이 얼마나 대단했는지는 1962년 제임스 왓슨과 프란시스 크릭이 모리스 윌킨스와 노벨상을 공동 수상할 때 그녀의 연구 결과를 언급한 것을 보아도 알 수 있다.

마리는 흑인 여성으로는 처음으로 화학 박사학위까지 받고 히스톤, 단백질과 핵산, 콜레스테롤과 고혈압, 크레아틴 등 기초화학에 관한 커다란 업적을 남긴 우수한 과학자였다. 흑인 여성에 대한 사화적 편견을 극복한 그녀의 과학을 향한 열정은 실로 존경스럽다.

한국 최초의 여성 화학자 김재순 수녀

 김재순 수녀는 1927년에 서울에서 태어났으며 2011년에 84세의 나이로 생을 마감했다. 필자가 성심여중에서 특별 강연을 한 후 교장 수녀에게 김재순 수녀의 근황을 물었을 때, 중환이라는 말을 들었다. 직접 인사를 드리지 못한 채 발길을 돌려야 했는데, 그날 이후로 김재순 수녀는 영영 내 기억 속에 남았다.

 김재순 수녀는 1951년에 서울대학교 화학과를 졸업했다. 진명여고 시절 명동성당에서 세례를 받고 일찍이 수녀 생활을 꿈꿨으나, 고교 졸업 후 화학자의 길을 택했다. 그러나 6.25 전쟁 중 아버지와 두 명의 오빠를 잃는 가슴 아픈 경험을 겪었다. 당시 대학교 4학년에 재학 중이던 그녀는 어머니와 동생들과 함께 부산으로 피난을 떠나 힘든 나날을 보내야 했

김재순 수녀

다. 가족을 잃은 슬픔은 김재순 수녀의 신앙심을 흔들었고, 조국을 떠나 미국 위스콘신대학교에 진학했다.

 석사학위를 마치고 박사과정 진학을 준비하던 중 그녀는 미국 노트르담 수녀들의 따뜻함에 감동했고, 믿음을 향한 마음이 다시 살아났다. 이후 1958년에 뉴욕 근교에 위치한 성심수녀회에 입회해 수도의 길을 걸었다. 한국으

로 돌아온 그녀는 1964년 성심여자대학교 화학과 부교수가 되었고, 이후 1973년에는 성심여자고등학교 교장을 역임했다. 김재순 수녀가 1975년 학장을 맡았던 성심여자대학교는 1995년 가톨릭대(의대, 신학대)와 통합해 가톨릭대학교가 되었다. 당시 성심여자대학교 총장이었던 김재순 수녀는 가톨릭대학교 성심교정의 부총장으로 취임했다.

필자가 1966년 유학을 준비하는 동안 그녀는 화학자의 꿈을 잊지 못해 대학원에서 연구를 시작했고, 51세가 되던 1978년에 서울대학교에서 화학 박사학위를 받았다. 비록 그녀가 화학 연구를 통해 우리에게 알려진 것은 아니지만, 수도 생활 중에도 식지 않은 화학을 향한 사랑과 집념은 누구보다 뛰어났다.

조용하고 부드러우며 인자했던 김재순 수녀의 잔잔한 미소 띤 모습이 아직도 생생하다. 필자가 미국 생활을 마치고 돌아와 김재순 수녀를 다시 만났을 때가 생각난다. 그녀의 인자하고 해맑은 미소가 내 가슴속에 깊이 새겨져 있다.

이사벨 나그스와 탄소 사면체

탄소는 유기 화합물을 만드는 중추적 원소로 흔히들 원자가가 4라고 말한다. 메탄$CH4$은 정사면체 중심에 탄소 원자가 자리 잡고 있고, 각 꼭

짓점에 수소 원자가 결합한 구조다. 너무나 당연하다고 여겨지는 구조이기에 탄소의 사면체 결합을 누가 증명했는지 궁금해하는 사람은 별로 없다. 국제결정학연합체는 일본 화학자 이사무 닛타가 1937년에 탄소의 사면체 결합을 처음으로 밝혔다고 발표했다. 그러나 사실은 영국의 이사벨 나그스가 그보다 훨씬 전인 1928년에 탄소의 사면체 결합을 분명히 밝혔으나 다른 화학자들의 관심을 끌지 못했다. 나그스는 어떤 과학자였을까?

나그스는 1893년에 남아프리카의 항구도시 더반에서 태어났다. 그녀와 여동생은 영국으로 가 그들의 할아버지와 어린 시절을 런던에서 지냈다. 그녀는 노스런던고등학교를 졸업한 뒤 1913년 거턴칼리지에서 화학을 전공했다. 여성들의 교육이 활발하지 못한 시대에 나그스는 1923년 임페리얼칼리지 런던에서 여성 최초로 박사학위를 취득했다.

그녀는 장학금을 받으며 2년 동안 영국왕립연구소의 윌리엄 브래그, 캐슬린 런데일과 함께 연구했다. 1927년에 정식 연구원이 된 그녀는 CX_4 화합물들의 결정구조를 밝히는 연구에 매진했다. 나그스는 펜타에리트리톨 테트라아세테이트의 사면체 결정구조를 1928년에 거턴칼리지의 협의회에 보고했고, 이듬해 〈네이처〉에 자신의 연구 결과를 언급하며 독일 연구진이 발표한 탄소 화합물 구조를 반박했다.

나그스가 사망한 지도 40년이 넘었다. 뉴욕대학교의 바트 칼 교수와 영국의 과학 저술가 앤디 엑스턴스 덕분에 우수한 여성 과학자의 업적이 뒤늦게나마 조명받아 세계가 환호했다.

태양계를 화학적으로 이해한 토시코 마에다

토시코 마에다는 시카고대학교 엔리코 페르미의 연구소에서 1958년부터 2004년까지에 운석과 월석 분석에 종사한 화학자로, 그녀를 아는 사람은 많지 않다. 그러나 그녀는 과학사에 큰 족적을 남긴 우수한 과학자였다.

마에다는 미국 워싱턴주 타코마에서 태어난 일본계 미국인으로, 일본에서 어린 시절을 보내다 고등학교 졸업 후 미국으로 돌아왔다. 1941년 12월에 일본이 진주만의 미국 해군기지를 공격하자 당시 미국에 있던 일본계 미국인 10만 명 이상이 강제 수용됐다. 마에다도 캘리포니아 수용소로 가게 되었으나 이런 상황에서도 공부를 놓지 않았다. 수용소에서 석방된 마에다는 시카고로 이사 후 윌버라이트칼리지를 거쳐 시카고대학교에서 화학을 공부했다.

그녀는 지구와 태양계를 화학적으로 이해하는 데 큰 공을 세웠다. 마에다는 시카고대학교의 화학과 교수 해럴드 유리의 연구실에서 실험용 기구를 닦는 단순 업무를 했다. 그러다 곧 유리 교수의 야심 찬 연구에 참여하게 됐다. 유리 교수는 연체동물이 오래된 해저 지층에 배출한 탄산칼륨의 산소 동위원소 함량비가 온도와 연관 있는 점을 이용해 '산소 온도계' 개발에 집중하고 있었다. 그는 낮은 온도에서 산소-18의 함량이 낮음을 발견했고, 이를 토대로 해저 화석의 산소 동위원소를 분석해 바다의 오래전 온도 기록을 얻고자 했다. 이러한 연구를 위해서는 정밀도가 높은 질량 분석기가 필요했다. 마에다는 이 까다로운 질량 분석기의 주요 책임자가 되었다.

유리와 마에다는 질량 분석기를 이용해 화석에 들어있는 탄산칼륨으로부터 산소 동위원소비를 얻어 백악기와 신생대 제4기 전반기의 온도 변화를 추적할 수 있었다. 이는 곧 '지질 온도계'를 구축한 셈이었다. 유리가 1958년에 캘리포니아대학교로 옮겨가자 우주화학자인 로버트 클레이턴이 시카고대학교 교수로 왔다. 클레이턴은 태양계의 초기 역사에 관심이 있었고, 산소 동위원소비를 통해 어떤 정보를 얻을 수 있을지 궁금해했다. 이미 유리 교수와 태양계 생성 시 형성된 원시적 운석의 조성을 분석한 논문을 발표했던 마에다는 클레이턴의 연구에 자연스럽게 합류했다.

클레이턴과 마에다는 NASA의 아폴로 프로그램에서 얻은 달 토양 시료를 포함한 300개 이상의 달 시료와 얻을 수 있는 모든 운석을 분석했다. 또한 산소-16, 산소-18, 산소-17을 분석해 이들 운석의 생성 시 온도를 추정했다. 이를 통해 일부 운석은 태양계가 생기기 전인 초신성에서 형성됐을 가능성도 확인했다. 이들은 태양계의 산소 동위원소 분포에 대한 클레이턴-마에다 모델을 정립했다.

마에다는 지구화학과 우주화학에 크게 기여했지만, 동료들에 비하면 대중적으로 명성을 얻거나 더 높은 직책을 맡지는 못했다. 그러나 클레이턴은 이 연구를 가능하게 만든 강직한 인물이라며 마에다를 칭송했다.

노벨상 공동 수상자의 이야기

미국 캘리포니아대학교 제니퍼 다우드나 교수와 막스플랑크연구소의 에마뉘엘 샤르팡티에 교수는 크리스퍼를 이용한 유전자 편집 기법을 개발해 2020년 공동으로 노벨화학상을 받았다. 이 둘의 협업은 2011년부터 시작된다. 다우드나 교수와 샤르팡티에 교수는 푸에르토리코의 수도 산후안의 어느 카페에서 열린 미생물학 학술회의에 참가했다. 두 과학자는 카페를 나온 후 산후안의 오래된 거리를 걸으며 크리스퍼에 관해 이야기했다. 특히 크리스퍼-카스9이 박테리아에 어떤 영향을 미칠지 의견을 공유했다. 둘은 만난 지 1년이 채 되기도 전에 크리스퍼-카스9을 통해 살아있는 세포의 모든 DNA를 매우 정교하게 편집할 수 있다는 생명과학의 혁명을 이루었다. 이를 계기로 크리스퍼-카스9을 활용한 유전자 편집 연구는 날개를 달게 되었다. 크리스퍼-카스9은 병에 강하고 저장성이 우수한 버섯을 만드는 데 사용되거나 말라리아를 전파하지 못하도록 모기의 유전자를 편집하는 기술에 사용되었다. 또한 이는 혈액암을 치료할 수 있으며, 선천적 실명 같은 유전병도 고칠 수 있다. 이처럼 유전자 편집은 건강한 유전자를 외부에서 주입하는 유전자 치료와 달리, 질병과 관련된 DNA를 완전히 제거하거나 다른 것으로 대체한다.

크리스퍼와 유전자 편집

유전자 조작은 약 60년 전에 처음으로 시작되었다. 1960년대에 베르너 아르버와 매튜 메셀슨은 대장균 박테리아를 관찰하던 중, 침입한 바이러스 DNA를 절단해 감염되지 못하도록 제한하는 효소를 발견했고, 이를 '제한효소'라 이름 붙였다. 제한효소는 원하는 염기 서열의 DNA를 자를 수 있어 DNA 변형과 복제에 활용되며 재조합 DNA 기술을 비약적으로 발전시켰다. 이 공로로 1978년 베르너 아르버, 해밀턴 스미스, 대니엘 네이선스가 노벨생리의학상을 공동 수상했다. 참고로, 지금까지 발견된 제한효소는 약 3,000개가 넘는다. 그러나 제한효소는 6~8개의 짧은 염기 서열만 인식할 수 있다는 단점이 있었다. 이런 문제를 해결한 것이 바로 2012년에 개발된 크리스퍼-카스9이다.

크리스퍼는 박테리아와 고세균 같은 원핵생물의 유전체에서 발견되는 DNA 서열이다. 일본의 오사카대학교 연구팀은 1987년에 최초로 크리스퍼의 존재를 발견했다. 그러나 이 기능을 제대로 이해하는 첫걸음은 1993년이었다. 당시 스페인의 알리칸테대학교에서 박사과정을 밟던 프란시스코 모히카는 크리스퍼에 존재하는 반복 서열이 바이러스의 DNA와 일치함을 발견했다. 이를 통해 바이러스를 물리칠 수 있는 면역체계가 크리스퍼임을 알아냈다. 과학계는 이를 믿지 않았지만, 2005년에 모히카의 논문이 발표된 후 이 면역체계가 어떻게 작동하는지 이해할 수 있었다.

크리스퍼-카스9과 공동 연구

세균세포가 파지phage라 불리는 바이러스에 감염되면 대부분의 세균은 죽지만, 일부는 살아남아 바이러스의 DNA를 자신의 유전체에 삽입한다. 이것이 크리스퍼다. 크리스퍼는 RNA로 전사돼 잘게 분해된 후 세포 내 카스9 단백질과 결합해 RNA-단백질 복합체를 형성한다. 만약 같은 바이러스가 다시 침입하면 크리스퍼-카스9이 바이러스의 DNA 염기 서열을 인식해 이들을 절단함으로써 세포를 보호한다.

샤르팡티에 교수는 크리스퍼-카스9에 크리스퍼-RNA 이외에 tracrRNA가 존재한다는 사실을 알아냈다. tracrRNA는 크리스퍼 영역이 전사된 후 여러 개의 크리스퍼 RNA로 분해되는 데 결정적 역할을 한다. 이 같은 유전자 가위 기술의 핵심은 세균에 기억된 파지 DNA(21개 염기)가 RNA로 전사되고, 이 RNA와 카스9이 결합해 외부에서 침투한 파지의 DNA를 자른다는 점이다. 쉽게 얘기하자면 21개 염기는 다른 유전자를 찾아내는 정찰병이고, 카스9은 직접 적을 물리치는 전투병에 비유할 수 있다.

2010년만 해도 크리스퍼는 비교적 관심이 저조한 분야였다. 관련 연구자들을 모으면 회의실 하나를 겨우 채울 정도였다. 노벨상 수상자 발표 후 다우드나는 한 인터뷰에서 "예전에는 내가 박테리아 면역계를 연구한다고 소개하면, 사람들은 의아하다는 표정으로 왜 그런 연구를 하는지 물었다"라고 이야기했다.

미생물학자인 샤르팡티에는 인간에게 해로운 박테리아를 주로 연구해 왔으며, 다우드나는 생명의 진화에 미치는 RNA의 역할에 관심이 있었다. 2011년 푸에르토리코 학술회의에서 처음 만난 두 과학자는 서로의 연구가 상보적임을 즉각 인지했다. 이들은 곧바로 공동 연구에 착수했지만 실험이 잘되지 않았다. 정제된 카스9 단백질과 크리스퍼-RNA 조각이 아무 일도 하지 못했다. 필요한 성분을 다 넣었는데도 DNA가 잘리지 않는 것이었다. 그런데 그 혼합물에 tracrRNA를 넣자 곧 작동하기 시작했다. 이어 그들은 크리스퍼-RNA와 tracrRNA를 결합해 이른바 '가이드 RNA'라는 단일 분자를 만들었다. 또한 다우드나와 샤르팡티에는 RNA 형판template을 바꾸면 원하는 DNA 부분을 절단할 수 있음을 알아냈다. 이는 곧 다른 세포 내에서도 DNA를 수선해 유전자 편집이 가능하다는 이야기였다. 이후 다우드나와 샤르팡티에의 논문은 〈사이언스〉에 실렸다. 크리스퍼-카스9을 이용하면 상대적으로 간단하고 비용이 저렴하면서도 높은 정밀도로 DNA를 조작할 수 있었다.

다우드나와 공동 연구자들은 크리스퍼-카스9이 쥐와 인간의 세포 내에서도 작동함을 보여주었다. 이렇게 유전체를 정밀하게 편집할 수 있다면, 생물체들의 생식세포까지 변경이 가능하다. 인간 생식세포에 변화를 준다는 것은 인간의 진화경로를 바꿀 수도 있다는 의미다. 실제로 2019년에 중국의 허젠쿠이는 크리스퍼-카스9을 이용해 출생한 유아의 유전체를 변경하려다 불법 의료 행위죄로 3년 형을 받았다. 유전자 가위 기술의 남용은 세계적으로 논쟁이 지속되고 있다. 이런 우려에도 불구하고 크리스퍼-카스9 기술의 개발과 연구는 활발히 진행 중이다.

2020년 노벨화학상 공동 수상 후에도 다우드나와 샤르팡티에는 크리스퍼 관련 연구를 계속하고 있다. 이들의 위대한 공동 연구 이야기는 참으로 깊은 감명을 준다. 열린 마음으로 과학적 관심사를 공유하며 엄청난 시너지 효과를 이룬 두 여성 과학자에게 경의를 표한다.

화학공학의 발자취

세계적으로 화학공학이 독립된 공학 분야로 인정받은 지 한 세기가 지났다. 우리나라에서는 1946년 10월 서울대학교 공과대학에 화학공학과가 공식적으로 개설되었으므로 화학공학이 자리한 지도 80년이 되어간다.

미국화학공학회AIChE는 2008년에 필라델피아에서 창립 100주년을 기념했고, 1962년에 창립된 한국화학공학회는 2012년에 창립 50주년을 기념했다. 한국화학공학회의 전신인 대한화학회는 1946년에 창립되어 올해로 78주년을 맞는다. 대한화학회 창립에는 우리나라 원로 공학자들이 주요 멤버로 참여했음을 말해둔다.

지금부터는 유럽과 미국에서 시작된 화학공학의 역사를 살펴보려고 한다. 우리나라 화학공학의 자세한 역사는 〈한국화학공학회 50년사〉에서 찾아볼 수 있으므로 여기에서는 초창기만 제한적으로 다룰 예정이다.

유럽에서 꽃 피운 화학공학

화학산업은 19세기 말에 들어서야 산
업의 중심에 섰으나 아직 성장하는 단
계였다. 당시 기술적 기반은 대학 연구
실의 업적에 의존하고 있었는데, 특히
독일 대학들이 이 점에서 선두를 달리
고 있었다. 19세기 초에 이미 독일 대학
에서는 화학이 꽃피기 시작했고, 그 중
심에는 '화학의 아버지'라고 불리는 유
스투스 폰 리비히가 있었다.

유스투스 폰 리비히

연구뿐만 아니라 교육에도 탁월한 재능을 지녔던 리비히는 1825년
독일 기센대학교에 화학 실험실을 차린 후 30여 년 동안 아우구스투스
케쿨레와 아돌프 뷔르츠 같은 역사적으로 위대한 화학자들을 수없이
배출했다. 19세기 중반 기센, 괴팅겐, 하이델베르크대학교 화학 연구실
은 독일을 비롯한 유럽 국가뿐만 아니라 미국의 화학산업에도 큰 영향
을 미쳤다. 독일 유학생들은 미국으로 돌아가 화학 연구실을 꾸렸다.

리비히 연구실의 가장 큰 특징은 새로 발견한 기초 지식을 특수화학공

아우구스트 빌헬름 폰 호프만

정이나 제품 개발에 활용했다는 점이다. 대표적인 예는 리비히 연구실 출신인 아우구스트 빌헬름 폰 호프만의 업적에서 찾아볼 수 있다. 호프만은 아닐린 염료 생산공정을 완성한 인물로, 1840~1880년 사이에 독일이 여러 가지 화학생산공정을 개발해 화학산업의 기틀을 마련하는 데 크게 공헌했다.

한편 프랑스는 1789년에 시작된 시민혁명과 1830년의 왕조 타도, 1848년 2월의 제2공화정 수립으로 산업 자본가와 노동자의 영향력이 커졌다. 비록 독일은 정치혁명에 실패했으나, 주변 국가의 변화는 생산공정을 더 안전하고 효율적으로 개선해야 한다는 각성을 불러일으켰다. 이런 사회적 배경 덕분에 19세기 중반 화학공학이 출현할 수 있었다.

화학공학과의 등장

독일 대학과 화학산업의 진전에도 불구하고 화학과 화학공학 교육은 아직 형식화되지 못하고 있었다. 다시 말해 이 분야에는 표준화된 교육과정이 없었다. 학생들은 화학 과목에서 새로운 공업공정을 피상적으로만 배우는 정도였다. 그도 그럴 것이 증류탑과 여과장치 운전 등 화학공정에서 중요한 내용은 기술학교에서 가르쳐야 한다고 생각해 극히 소수의 기술대학교를 제외하고는 기초 교육에만 치우쳐 있었다.

그러나 19세기 말이 되자 사정이 달라졌다. 영국, 독일, 미국 간 화학산업 경쟁이 치열해지면서 화학공학 기술자가 많이 필요해졌기 때문이다. 기록에 따르면 처음으로 화학공학을 강의한 나라는 영국이었다. 1887년에 영국 맨체스터의 조지 데이비스라는 기술자가 영국 화학 공장의 공정을 12번에 걸쳐 강의했으며, 그 내용을 〈케미컬트레이드저널〉에 실었다. 이듬해인 1888년에는 미국 MIT의 화학과에서 루이스 노턴이 화학공학 강의를 했다. 강의는 독일 화학 회사들의 기술에 기초한 내용이었다. 1893년에 노턴이 사망한 후 독일 하이델베르크대학교에서 박사학위를 취득한 프랑크 토르프가 강의를 이어받았다. 5년 후 토르프가 출간한 〈공업화학의 개요〉는 현재 첫 화학공학 교과서로 꼽힌다. 재미있는 점은 이 책이 생물학적 공정의 부산물을 화학적으로 처리하는 방법을 언급하고 있다는 것이다.

노턴과 토르프가 화학공학 교육의 개척자 노릇을 했지만, 화학공학이 대학과정에서 독립된 영역으로 대접받게 된 데는 아서 노이스와 윌리엄 워커의 공이 크다. 노이스는 1903년에 MIT에 물리화학 연구실을 설립했고, 1913년에는 트룹대학교를 캘리포니아공과대학교로 전환하는 큰일을 해냈다. 한편 워커는 독일 괴팅겐대학교에서 오토 발라흐의 지도로 1892년에 박사학위를 받고 1902년에 MIT의 강사가 되었다. 워커의 지도 덕분에 MIT의 응용화학부가 융성해져 1908년에는 응용화학 연구실이 설립될 수 있었다. 이어 워런 루이스가 화학공학 교육과 기업 자문에 큰 공을 세웠다. 현재도 미국화학공학회는 루이스의 이름을 딴 권위 있는 교육상을 수여하고 있다.

영국에서는 데이비스가 1901년에 발간한 〈화학공학 안내서〉에 '단위 조작'이라는 개념을 도입한 부분이 눈에 띄는데, 이 용어는 1914년 MIT의 아서 리틀이 사용하고 나서부터 학계에 받아들여지기 시작했다. 데이비스는 화학산업기술을 다루는 새로운 공학 분야를 '화학공학'이라고 부른 점에서 역사적 공로를 인정받는다.

미국에서는 1888년 MIT가 처음으로 4년제 화학공학 과정을 개설했으며, 펜실베이니아대학교, 툴레인대학교, 미시간대학교, 터프츠대학교가 뒤따랐다. 그러나 아직 4년제 화학공학 프로그램은 화학과라는 테두리 안에 존재한다.

미국 6인 위원회의 활약상

1903년 미국에서 〈케미컬엔지니어〉라는 잡지가 출판되기 시작한 후, 1905년에는 600여 명의 화학공학도를 포함해 구독자가 1,600명에 이르렀다. 이런 분위기에서 1904년 미국화학회ACS 내에서 화학과 화학공학의 관계가 논의되었고, 화학과에서 화학공학 교육을 담당해야 한다는 찬반 논쟁이 벌어졌다. 특히 컬럼비아대학교 화학과 교수인 밀턴

휘터커는 '일반적으로 화학자는 공학 교육이 부족해 자기가 실험실에서 개발한 아이디어를 공장으로 이전시킬 능력이 부족하다.'며 독립된 화학공학 교육의 필요성을 강조했다.

3년 후 12명의 화학자와 화공학자들이 회의 끝에 '6인 위원회'를 만들어 화학공학 조직의 설립 가능성에 대해 조사했다. 위원회는 윌리엄 워커, 아서 리틀, 존 올슨, 리처드 미드, 찰스 매케나, 윌리엄 부스가 포함되었으며, 이들은 나중에 미국화학공학회의 회장이 되었다. 이 여섯 명 외에 추가로 몇몇 화학자와 화공학자가 포함된 15인이 1908년 1월에 뉴욕시에서 회의를 열었다. 비록 당시 미국화학회 회장이었던 마스턴 보거트는 이미 화학회가 현장 공업화학자들이 필요한 서비스를 제공하고 있다며 화학공학회 설립을 반대했으나, 6인 위원회는 단호하게 독립된 화학공학회 설립에 의견 일치를 보냈다.

1908년 6월 22일, 필라델피아의 엔지니어스 클럽에서 개최된 첫 미국화학공학회 회의에 참가한 인원은 40명 정도였다. 회원 수가 많지 않음에도 불구하고 미국화학공학회는 회원의 자격을 다음과 같이 엄격하게 제한했다. 나이는 최소 30살 이상이고 응용화학 분야에 종사하고 있으며, 학위에 따라 산업체 경험이 최소 5년에서 10년 이상일 것. 이런 제약 때문에 학회 창립 후 10년간 회원 수는 늘 1,000명 이하였다.

학회 창립 초기에는 대학에서 화학공학을 어떻게 교육할지를 두고 논란이 많았다. 그러나 시간이 흐르면서 화학공학은 점차 독자적인 영역을 차지하게 되었다. 초기에는 단위조작에 초점이 맞춰졌다가, 후에는 응용열역학, 화학반응공학, 응용수학, 계산과학으로 관심이 옮겨갔다. 1970년 중반에 화학공학은 전통적 영역뿐만 아니라 생물공학과 생의학, 재료과학 등 융합학문까지 포함하게 되었다. 지금은 나노기술, 고기능성 재료, 전자 제품 제조 등의 분야를 이끌고 있다. 현재 미국화학공학회의 회원 수는 약 6만 명으로 110여 개국의 화공학도들이 가입해 있다. 21세기에 들어서서 화학공학은 세계경제와 우리의 일상생활에 지대한 기여를 하고 있다.

우리나라 최초의 화학공학도들

우리나라 화학공학의 역사는 해방기부터 살펴보아야 한다. 해방 당시 국내외 대학 출신 화학자는 50명 정도로 추산되며, 박사학위 소지자는 이태규, 최항, 이승기, 김양하, 조광하 등이 있었다.

해방 후 1945년 12월 15일, 경성제국대학교가 경성대학교로 새출발을 하면서 화학과와 응용화학과가 개설되었다. 당시 학장이었던 이태규는 주로 일본에서 공부한 화학자들로 화학과를 꾸렸다. 1946년 10월 1일, 경성대학교가 지금의 서울대학교로 바뀐 뒤 공과대학이 독립되었고, 김동일이 초대 학장으로 임명되었다. 김동일은 응용화학과를 화학공학과로 개칭하고 이승기, 안동혁, 조광하, 전풍진, 성좌경, 나익영을 모아 학과를 시작했다. 초기 교수진은 김동일, 나익영, 신윤경, 마형옥, 김원택, 김태

열, 이재성 등으로 구성되었다. 이후 이승기가 화학공학과에 참여하면서 교수진은 훨씬 강화되어 박종면, 박하욱, 이형규, 임응극, 이광식, 손선관, 신현석, 나윤호, 신병식이 학생들을 가르치게 되었다. 이들은 1946년에서 1949년에 걸쳐 우리나라 화학공학 교육의 기틀을 마련했다.

한편 1912년 일제하에 설립된 중앙시험소는 1946년에 해방과 더불어 중앙공업연구소로 개편돼 안동혁이 초대 소장으로 임명되었다. 초창기 연구소는 최한석, 양동수, 이범순, 신윤경, 남기옥, 전풍진, 성좌경, 이종근, 오진섭 등의 응용화학자들로 구성되었다. 이들은 학계와 산업계에서 지도자를 맡았을 뿐만 아니라 서울대학교 화학과, 화학공학과 교수들과 함께 1946년에 설립된 조선화학회(지금의 대한화학회)의 핵심 인물들이기도 했다.

초창기의 응용화학도와 화학공학도들은 대한화학회 테두리 내에서 활동했다. 그러나 1959년에 충주비료 공장이 준공되고 1960년대에 대규모 화학 공장들이 들어서면서 화학공학에 대한 관심이 커졌고, 화학공학도들의 결집도 강해졌다. 그 후 1962년 12월 8일 전국에서 모인 200여 명의 화학공학도가 서울대학교 의대 강의실에서 한국화학공학회 창립총회를 가지며 공식적인 출범을 알렸다. 초대 회장인 박종면을 비롯해 부회장 나윤호, 감사 마경석, 전민제, 총무 이재성, 기획 최웅, 재무 이종원, 편집 한태희로 구성되었다. 현재 우리나라 화학공업의 세계적 위상을 떠올려 보면 화학공학도들이야말로 우리나라 근대화와 산업화에 가장 앞장섰던 위인들이다.

나노기술에서 나노과학으로

과학과 기술의 역사는 과거의 재생이라는 표현을 가끔 듣는다. 이는 기술의 발달사를 살펴보면 더욱 공감이 간다. 대표적인 예로는 세계적으로 주목받는 나노기술이 있다.

나노기술을 향한 관심과 응용연구는 1980년대에 들어서 활발해졌다. 1981년에 IBM 취리히 연구실의 게르트 비니히와 하인리히 로러가 발명한 주사 터널링 현미경과 1985년에 미국 라이스대학교의 해리 크로토, 리처드 스몰리, 로버트 컬이 발견한 축구공 모양의 분자 풀러렌 fullerene이 계기가 되었다. 과학계는 이들의 업적을 인정해 1986년 노벨물리학상, 1996년 노벨화학상을 각각 수상했다.

나노기술에 대한 정부의 관심과 대중의 인기는 1986년에 발간된 에릭 드렉슬러의 책 〈창조의 엔진〉에서 비롯되었다. 그는 이를 통해 나노기술의 개념을 개발하고 대중화시켰으며, 분자나노기술을 창시했다.

드렉슬러는 1959년 미국 캘리포니아공과대학교에서 진행된 리처드 파인만의 연설 중 '바닥에 충분한 공간이 있다'라는 표현을 인용하며 나노과학의 개념이 이전부터 존재했음을 상기시켰다. 그러나 '크기를 변화시키면 여러 가지 물리적 현상에 변화가 생겨야 한다'라는 파인만의 발표는 그 후 20여 년간 나노과학이나 나노기술 유행에 직접적인 영향을 미치지는 못했다.

사실 나노기술은 일본의 다니구치 노리오가 1974년에 이미 사용한 표현이다. 그는 반도체 가공에서 원자·분자 차원의 기술을 나노기술이라고 설명했다. 만약 우리가 1~100나노미터의 물질, 소자, 구조 등을 다루는 기술을 나노기술이라 부른다면, 과거의 기술 중 수많은 나노기술의 예를 찾을 수 있다. 이제 역사 속에 묻혀 있는 나노기술을 찾아 떠나보자.

역사 속 나노기술

중세의 유리 기술공들은 유리를 만들 때 유리용융물에 염화금을 넣으면 빨간색을, 질산은을 넣으면 노란색을 띤다는 신비로운 사실을 발견했다. 이 기술은 후에 16~18세기 유럽에서 만들어진 착색유리 제조에 사용되면서 색유리 기술의 전성기가 시작되었다. 더 놀라운 점은 최근에 색유리를 정밀 분석해 보니, 나노 크기의 금과 은 입자들이 들어

있는 것이 아닌가? 이들은 양자점quantum dot 역할을 해 각각 빨간색과 노란색을 반사했다. 무려 10세기에 이미 나노기술이 숨어있었다는 이야기다.

12세기부터 18세기에 이르기까지 중동의 금속 대장장이들도 나노기술을 사용했다. 시리아의 수도인 다마스쿠스의 금속 대장장이들은 인도에서 수입한 강철주괴를 사용해 유럽보다 더 날카롭고 내구성이 뛰어난 칼날을 만들었다. 특히 십자군들이 사용한 검도 이들의 손으로 만들어졌다. 도대체 이 기술에는 어떤 비밀이 숨어있을까?

이 고급 칼날을 만드는 기술은 제자가 스승으로부터 비밀리에 전수되는 방식이라 베일에 싸여있었다. 인도에서 수입하던 강철주괴 공급이 끊겨져 현재 다마스쿠스의 강철은 더 이상 찾아볼 수 없다. 따라서 동일한 화학적 조성을 지닌 전통적인 칼날 세공도 불가능해진 것이다. 그런데 이 특이한 칼날의 비밀이 밝혀졌다. 2006년 고분해능 투과전자현미경을 통해 현존하는 다마스쿠스 기병대의 검을 관찰한 네 명의 재료과학자들은 경탄을 금치 못했다. 칼날에서 탄소나노튜브와 탄소나노선이 발견된 것이다. 재료과학자들은 탄소나노튜브로 싸여 있는 탄소나노선들 덕분에 다마스쿠스 칼날이 유달리 날카롭게 가공됐으며, 우수한 내구성을 지닐 수 있었다고 설명했다.

나노기술은 우리가 매일 사용하는 고무제품인 타이어에서도 발견할 수 있다. 지난 19세기 후반부터 고무업계에서는 카본블랙을 많이 사용해 왔다. 카본블랙이야말로 가장 흔한 나노 재료 중 하나다. 천연고무나 합성고무에 카본블랙을 섞으면 보강효과가 발생해 강도, 장력, 내마모성 등을 개선한다. 또한 카본블랙은 고무의 강도도 증가시킨다. 1910년부터 이를 타이어 제조에 사용하면서 제품의 질과 수명을 크게 높일 수 있었다. 현재 자동차 타이어는 대부분 카본블랙으로 보강해 생산된다. 이런 보강은 나노 크기의 탄소 입자와 고무 분자 사이의 물리 및 화학적 작용으로 가능하다.

당시 제조업자들은 우리가 나노기술이라 부르는 고도의 기술을 본인들이 사용한다는 사실조차 몰랐을 것이다. 더구나 이런 기술에 숨어있는 과학 원리는 훨씬 후에 가서야 밝혀졌다. 이처럼 기술이 과학을 앞서는 경우가 일반적이지만, 역사 속에서는 다음과 같은 반대의 경우도 찾아볼 수 있다.

벤저민 프랭클린은 1773년에 영국 과학자 윌리엄스 브라운리그에게 기름이 물에 미치는 영향에 관한 흥미로운 관찰을 쓴 편지를 보냈다. 항해 중 배의 요리사가 기름기 섞인 물을 바다에 버리니 배가 훨씬 덜 흔들리더라는 이야기였다. 이러한 현상은 뱃사람들은 이미 잘 알고 있던 지식이었다. 물론 어떻게 그런 효과가 발생하는지는 아무도 알지 못했다.

런던에 도착한 프랭클린은 런던 남쪽의 클라팜 공원 연못에서 간단한 실험을 했다. 바람이 꽤 부는 날이라 연못에 잔물결이 일고 있었다. 프랭클린은 연못가에 기름 한 숟가락을 떨어뜨렸다. 기름은 연못가에서부터 연못 중심부로 퍼져나갔다. 그러자 약 4,000㎡가 넘는 연못이 놀랍게도 평온해지는 것이 아닌가! 커다란 나뭇잎과 잔 나뭇가지들조차 얇은 기름막에 밀려나는 현상을 보고 프랭클린은 놀라움을 감출 수 없었다.

이러한 관찰의 최초 기록은 로마 제국의 백과사전인 〈자연사〉를 저술한 자연철학자 가이우스 플리니우스까지 거슬러 올라간다. 그러나 이 현상을 과학적 원리에 따라 이론적으로 설명한 인물은 프랭클린이 처음이었다. 프랭클린은 브라운리그에게 보낸 편지에서 자신이 관찰한 내용을 분자 간 상호작용으로 설명했다. 즉, 물과 기름 사이에 반발력이 있어 서로를 밀치기 때문에 기름막이 물 위에 퍼져 아주 얇은 막을 형성한다는 이론이었다.

후에 로드 레일리, 어빙 랭뮤어와 다른 과학자들은 기름이 물 위에 떠서 단분자막을 만든다는 사실을 밝혀냈고, 이 단분자막의 두께가 겨우 수 나노미터에 불과하다는 사실도 알게 되었다. 단분자막에 대한 이해는 표면과학에 중대한 변혁을 가져왔으며, 현대의 박막코팅기술의 기초를 제공했다. 이런 과학기술은 우리 일상생활에 널리 이용된다.

표면과학과 자기조합과학 분야에서 '랭뮤어-블로젯'이라는 실험이 자주 언급된다. 랭뮤어와 캐서린 블로젯은 스테아르산바륨 용액을 물 위에 떨어뜨리면 유리판 같은 얇은 원판 위에 정확히 한 분자 두께의 코팅을 만들 수 있음을 보여줬다. 이 코팅을 '랭뮤어-블로젯 필름'이라 부르며, 이 기술은 전기·전자공학 및 재료과학과 재료공학에서 매우 중요한 첨단기술로 여겨진다.

그뿐이 아니다. 랭뮤어와 블로젯은 44 또는 46 분자층 필름이 천연유리의 빛 반사를 제거한다는 사실도 발견했다. 요즘 카메라나 망원경 렌즈처럼 빛 반사를 최소화한 렌즈는 박막으로 코팅되어 있다. 이 얼마나 놀라운 나노기술인가!

지금까지의 이야기를 통해 우리는 기술과 과학 간의 재미있는 관계를 읽을 수 있다. 색유리, 다마스쿠스 강철, 카본블랙 이야기는 기술을 설명할 수 있는 과학적 원리가 발견되기 훨씬 이전부터 사용된 나노기술이다. 반면에 프랭클린, 랭뮤어와 블로젯의 단분자막은 과학적 이해가 기술 개발을 훨씬 앞선 예다. 현재는 후자의 경로를 밟으며 나노기술이 개발되고 있다.

현대의 나노기술

오늘날 나노기술의 개발은 심도 깊은 나노과학 연구와 이해를 바탕으로 이루어졌다. 다양한 실험 방법이 이미 개발되어 있을 뿐만 아니라, 정밀한 계산능력이 뒷받침하는 모형 계산과 설계가 여러 가지 분자 재료의 개발을 돕고 있다. 다음의 사례들은 나노과학의 지식을 응용해 새로운 나노제품, 의료기술, 에너지기술을 개발한 경우다.

첫 번째는 나노미터 길이의 섬유를 면섬유 표면에 침착시켜 방수 천을 만드는 기술이다. 천의 표면장력을 증가시켜 액체 방울이 침투하지 못하게 한다.

두 번째는 미국 텍사스주 라이스대학교의 제니퍼 웨스트 교수 연구진의 금-실리카 나노셸을 이용한 암 치료 연구다. 이는 나노셸에 파장이 긴 적외선을 쬐였을 때 발생하는 열로 암세포를 파괴하는 방법이다. 피부를 쉽게 통과하는 적외선과 달리, 자외선은 파장이 짧아 투과 깊이가 얕고 피부세포를 해쳐 암을 유발하기 때문에 신중함이 요구되는 치료법이다.

세 번째는 에너지 분야에서 중요한 자리를 차지하는 나노기술이다. 미국의 에너지 회사들이 만든 첨단에너지조합AEC은 나노입자를 활용해 원유나 천연가스를 더 많이 회수하는 방법을 연구 중이다. 이는 정확하게 설계된 나노입자들이 원유와 천연가스를 지닌 지질적인 '스펀지'에 침투해 원유와 천연가스를 채굴하는 원리다. 이 기술로 원유와 천연가스 매장지의 지질구조도 더 정확히 파악할 수 있을 것으로 기대된다. 이 밖에도 환경 및 자연보호, 신에너지원 개발, 식량 문제 등 다양한 분야의 나노과학·기술 연구가 전 세계적으로 진행 중이다.

나노기술과 나노과학의 수레바퀴

과학과 기술의 발전은 마치 수레바퀴처럼 끊임없이 순환하는 관계다. 역사 속에 깃든 나노기술과 나노과학을 살펴보니, 우리는 '나노기술'에서 '나노과학'의 시대로 접어들었다는 생각이 든다. 나노과학이 나노제품과 나노기술을 이끌고 있기 때문이다. 나노 현상은 물성이 크기에 의존하는, 다시 말해 양자 특성이 나타나는 현상이다. 흔히 관찰되는 양자 특성으로는 광학적 성질의 변화, 부피에 비해 표면적이 늘어날 때 발생하는 표면 현상, 벌크 재료와 상이한 전자기적 특성, 세포막 투과 현상같이 작은 크기의 물질 이동, 촉매 연구에서 관찰되는 급격한 화학반응의 변화 등이다. 이처럼 나노과학은 광범위한 영역에 걸쳐 진전이 이루어지는 중이다. 또 한편에서는 나노 현상이나 나노 재료를 다루는 분석·가공기술이 급속도로 발전하고 있다. 특히 나노기술의 발달은 생명과학과 의료기술에 혁명적 변화가 일어날 것으로 예상된다. 몸속 질병세포를 찾아다니고 질병을 퇴치하는 나노로봇은 더 이상 꿈속에나 있을 법한 환상적인 이야기가 아니다.

과학이 기술로 전환되는 시간은 점점 짧아지고 있다. 게다가 '융합시대'에 접어들면서 과학과 기술을 구분하는 것은 우스운 일이 되었다. 우리는 분명 나노기술과 나노과학의 순환 원주를 돌고 있다. 21세기는 나노과학과 나노기술을 통해 또 한 번의 과학기술 전성기를 맞이할 것이다.

주) 이 글 중 일부는 미국의 〈케미컬헤리티지〉에 실린 글 '나노기술에서 나노과학으로'를 참조했으며, 사용 허락을 받았음을 밝혀둔다.

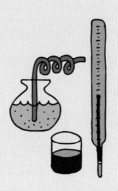

· 4장 ·

화학, 상상을 넘어 미래로 향하다

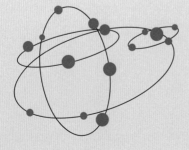

공룡이 환생한다면?

영국 BBC가 발표한 뉴스는 세상을 놀라게 했다. 미국, 스웨덴 등의 국제 연구팀이 털매머드의 유전자를 코끼리 줄기세포에 주입했다는 소식이었다. 놀라운 사실은 털매머드와 아프리카 코끼리의 유전체 차이가 0.6%밖에 나지 않는다는 점이다. 이는 인간과 침팬지 유전체 차이의 반보다 적은 수치다. 털매머드가 시베리아에서 완전히 사라진 것은 약 1만 년 전으로 추정되며, 멸종 이유는 지금도 분명하지 않다. 털매머드에 관심을 두는 이유는 공룡보다 최근까지 지구상에 생존했으며, 현재도 시베리아의 영구동토층에서 털매머드의 사체를 많이 발견할 수 있기 때문이다.

미국 펜실베이니아주립대학교의 웨브 밀러와 슈테판 슈스터가 이끄는 연구팀은 털매머드의 털 속에서 추출한 DNA를 분석하는 데 성공했

털매머드

다. 보통 동물의 털이나 뼈, 뿔에서 DNA를 추출하는데, DNA 속에는 박테리아나 균도 들어있어 정확한 분석을 위해서는 철저한 정제가 필요하다. 한 가지 짚고 넘어갈 점은, 비록 털매머드 유전체의 분석을 완벽하게 행했다고 해도 그 자료를 통해 매머드를 인공적으로 탄생시킬 수는 없다는 것이다. 일본의 어느 유전학자는 멸종된 털매머드의 정자를 찾으려 혈안이 되어 있었다. 그는 그 정자를 코끼리의 난자에 이식해 멸종된 매머드를 복원하려 했다. 과거 우리나라 연구진도 러시아 과학자들과 함께 매머드 사체를 이용해 매머드의 복사체를 만들겠다고 했으나 아직까지 아무 소식도 전해지지 않는다. 어쨌든 약 4만 년 전에 사라진 이들이 다시 무리 지어 뛰어다니는 모습은 상상만 해도 끔찍하다.

공룡 단백질

약 2억 년 전에 이 지구에 등장한 공룡들은 대부분 약 6천 5백만 년 전에 사라졌다. 이는 신생대에서 중생대로 넘어간 시기와 일치한다. 흔히 공룡을 매우 큰 동물로만 생각하는데, 발견된 화석 중에는 50cm밖에 안 되는 작은 공룡도 많다. 큰 공룡의 경우 길이 40m, 높이 18m 정도로, 현존했던 동물 중 가장 크다. 공룡이 갑작스럽게 멸종한 원인에는 여러 가지 가설이 존재하나 가장 설득력 있는 이론은 소행성 충돌설이다. 소행성과의 충돌로 발생한 엄청난 양의 먼지가 태양을 가려 기온이 급속하게 낮아졌고, 식량 부족과 동사로 공룡이 멸종했다는 시나리오다.

'공룡'이라는 이름은 1842년에 영국의 고생물학자 리처드 오언이 붙인 것으로, 무시무시한 도마뱀을 의미하는 그리스어에서 따왔다. 이것은 공룡이 파충류에 속한다는 당시의 견해를 나타낸다. 땅 위에 살던 공룡 외에 물속을 헤엄치던 수룡과 하늘을 날아다니던 익룡도 크게 공룡으로 분류되었다. 이로부터 160년이 더 지난 후, 공룡의 후손이 조류일지도 모른다는 새로운 주장이 나타났다. 지난 2007년에 메리 슈바이처 연구진은 미국 몬타나주의 깊은 사암 속에서 약 6천 8백만 년 된 티라노사우루스 렉스의 대퇴골을 분석해 콜라겐 단백질의 아미노산 서열을 찾았다고 발표했다. 이들은 공룡의 콜라겐 아미노산 서열이 닭의 콜라겐 아미노산 서열과 유사하다는 연구 결과를 밝혔다. 그러나 사람들은 그 사실을 쉽게 받아들이지 않았다. 단백질이 그렇게 오랫동안 분해되지 않고 남을 수 있는지 의문이 들었기 때문이다.

화석 속에서 분리한 단백질의 아미노산 서열을 밝힌 논문들은 전에도 이미 존재했으나, 슈바이처가 분석한 단백질은 그보다 적어도 100배나 오래된 것이었다. 따라서 박테리아나 다른 오염물질이 섞이지 않고 손상도 전혀 없는 온전한 공룡 단백질이라는 점을 믿기 어려웠다. 만약 슈바이처 연구진의 발표가 사실이라면, 화석화된 동물의 단백질이 백만 년에 걸쳐 미네랄로 대체된다는 기존의 믿음이 뒤집히는 것이다.

1990년대 초에도 공룡 뼈와 호박 속에 갇힌 곤충에서 DNA를 발견했다는 보고가 있었으나 이들 모두 오염된 DNA로 밝혀졌다. DNA 시료는 흔히 PCR 방법으로 복제해 증폭시키는데, 이때 오염물질도 함께 증폭된다는 단점이 있다. 그러나 단백질 분석법은 DNA 분석법에 비해 오염물질의 영향이 훨씬 적다. 뿐만 아니라 오늘날에는 분석기술도 전보다 훨씬 발전되었다.

단백질은 DNA보다 화석 속에서 훨씬 오래 견딘다. 2012년에 덴마크 코펜하겐대학교의 엔리코 카펠리니는 약 4만 3천 년 된 털매머드 뼈에서 단백질 126개의 아미노산 서열을 알아냈다. 영국 맨체스터대학교의 마이크 버클리는 2013년에 약 3백 50만 년이나 된 북극 낙타에서 추출한 콜라겐 단백질의 아미노산 서열을 보고했다. 현재까지 분석된 가장 오래된 동물의 DNA 서열은 캐나다 유콘에서 발견된 약 70만 년 된 말 화석에서 추출한 것이다.

콜라겐 단백질이 이렇게 장시간 견딜 수 있는 이유는 뼈의 미네랄인

히드록시아파타이트 분자들이 콜라겐 분자를 캡슐처럼 보호하기 때문이다. 또한 콜라겐 분자가 삼중 나선 구조를 이루고 이 삼중 나선들이 튼튼한 로프처럼 서로를 결합하고 있는 것도 콜라겐 단백질의 보존에 영향을 미친 것으로 보인다.

단백질 서열, 즉 단백질 시퀀싱protein sequencing은 오래된 동물의 생물학적 정보를 제공한다. 동물의 종을 알아낼 뿐 아니라 언제 분화했는지도 파악한다. 이를 통해 버클리는 염소와 양이 약 8백만 년 전에 갈라졌음을 알아냈다. 또한 카펠리니 연구진은 유골의 치아 치석에서 발견한 단백질을 분석해 인류가 약 4천~5천 년 전부터 우유를 먹기 시작했음을 밝혔다.

계속되는 의문점들

최근에 단백질체학proteomics이 큰 발전을 이룬 것은 사실이지만 아직 고대 단백질을 정확히 분석할 수 있다는 가능성에는 의견을 통합하지 못했다. 2009년에 고생물학자 메리 슈바이처는 약 8천만 년 된 브라킬로포사우루스의 대퇴골에서 추출한 콜라겐의 아미노산 서열 분석 결과를 발표했다. 그녀는 오염 가능성이 없는 철저한 조건에서 최고의 정밀 기계를 사용해 분석한 결과, 이전 연구와 마찬가지로 공룡의 콜라겐과 조류의 콜라겐이 연관 있음을 발견했다. 그러나 단백질이 어떻게 수

천만 년을 견딜 수 있는지 의문을 품는 과학자들은 여전히 존재한다.

영국 런던대학교의 전자현미경 과학자 세르조 베르타조는 슈바이처의 결과에 의심의 여지가 없다고 주장했다. 그는 백악기 공룡 뼈 일부에서 현대 뼈에서도 볼 수 있는 콜라겐섬유의 로프 같은 구조를 분명히 관찰했다고 밝혔다. 그는 TOF-SIMS 분석법을 이용해 콜라겐섬유 특유의 아미노산 조각을 포함하고 있는 뼈의 영역을 확인했다. 에너지 분산 X선 분광 분석법으로 관찰한 결과도 마찬가지였다. 이 영역은 탄소 함량이 높은 것으로 나타났는데, 이는 콜라겐 섬유가 탄소를 많이 포함하고 있기 때문이다.

그렇다면 인류 조상들의 화석에서도 단백질이 검출될까? 단백질 분석을 통해 인류 진화에 대한 과학적 정보를 더 많이 얻을 수 있을까? 슈바이처는 공룡 화석 일부에서 DNA 파편이 존재할지도 모른다는 징후를 보고한 적이 있다. 그러나 안타깝게도 아직 고대 인류 화석에서 단백질이 발견된 사례는 없다. 물론 DNA의 안정성이 콜라겐보다 훨씬 떨어지기 때문에 DNA를 검출하고 분석하는 것은 더 어렵다.

고대의 단백질체와 유전체를 분석하면 고대 동물들의 진화와 환경 변화 같은 중대한 정보를 얻을 수 있다. 그러나 고대 단백질과 DNA가 오염물질과 섞이지 않고 온전히 보존되기란 거의 불가능에 가까워 연구에 어려움이 예상된다. 그런데도 화석의 모양과 구조에 의존했던 고생물학과 고고학 분야에서도 현대의 화학 분석기술이 적용되고 있다. 이런 변화를 보면 화학의 놀라운 힘을 새삼 깨닫는다.

인공 모유 레시피

여성의 사회 활동이 활발해지면서 신생아에게 모유를 먹이는 일이 점점 어려워졌다. 반면 모유의 장점과 아기에게 모유를 먹여야 하는 이유 등을 강조하는 연구 보고서는 계속해서 쏟아지고 있다. 모유를 먹고 자란 아기가 훨씬 건강하다는 사실이 증명됐으며, 아기는 물론 산모에게도 여러 면에서 유익하다고 밝혀졌다. 모유 수유의 우수성은 놀라울 정도다. 과연 모유는 우유와 비교해 어떤 점이 우수할까? 모유 수유의 장점을 요약하면 다음과 같다.

아기에게 좋은 점

+ 지능 발달

+ 면역력 향상

+ 치아 손상 감소

+ 심리적 장애 감소

+ 백혈병 위험 감소

+ 비만, 당뇨 발병 확률 감소

+ 영아돌연사증후군SIDS 감소

+ 우수한 단백질 소화력

+ 칼슘과 철분의 높은 체내 흡수율

산모에게 좋은 점

+ 체중 회복

+ 유방암 위험 감소

+ 자궁 회복과 산후 출혈의 감소

+ 당뇨병 발병 확률 감소

모유는 단백질, 지방, 비타민, 탄수화물의 완벽한 배합물로, 아기의 건강을 위해 최적화되어 있다. 모유에는 백혈구가 포함되어 감염으로부터 아기를 보호한다. 모유를 이상적으로 만드는 요소인 항체, 살아있는 세포, 효소, 호르몬 등은 분유에는 들어있지 않다. 모유 수유를 할 수 없는 산모들을 위해 모유 은행과 기증 모유가 점점 중요해지고 있다.

미국소아과학회AAP는 모유 수유가 아기와 산모의 신체적·정신적 건강을 위해 중요하다고 언급하며, 출산 후 첫 6개월 동안은 전적으로 모유 수유를 권장하고 있다. 산모는 프로락틴과 옥시토신이라는 호르몬의 영향으로 출산 후 모유를 생산할 수 있다. 이때 최초로 생산된 모유를 초유라 부른다. 초유에는 면역글로불린 A가 풍부하다. 이 면역 단백질은 신생아가 스스로 면역체계를 갖추기 전까지 식도와 위벽을 코팅해 보호한다. 게다가 배변에 도움을 주고 황달 발생도 줄여준다.

모유의 조성

모유에는 단백질 0.8~0.9%, 지방 4.5%, 탄수화물 7~8%, 비타민과 미네랄 0.2%가 들어있다.

단백질

모유 100mL에 함유된 단백질은 약 1.1g으로, 단백질 혼합물인 유장과 카세인이 주성분이다. 유장이 약 60%를 차지하며 나머지가 카세인인데, 이러한 단백질 구성은 신생아가 소화를 쉽게 할 수 있도록 도와준다. 특히 유장은 질병 예방 능력을 지녔다. 유장에 포함된 여러 단백질 중 알파 락토알부민은 종양세포를 죽이는 기능이 있어 암으로부터 아기를 보호해 준다고 알려졌다. 면역글로불린은 바이러스와 박테리아 감염을 막아주는 단백질로, 특히 면역글로불린A는 대장균과 알레르기에 대항력이 강하다. 산모가 어류를 섭취하면 이 단백질이 증가한다.

락토페린은 식도와 장기 내에 대장균이나 이스트균이 성장하지 못하게 한다. 라이소자임은 대장균과 살모넬라균으로부터 아기를 보호하며, 유익균의 성장과 염증 억제를 돕는다. 비피두스 인자는 장 내에서 서식하는 젖산균의 일종인 비피두스균이 잘 자라도록 도와 장내 유해균의 번식을 억제한다.

지방

모유 100mLl에 함유된 지방은 약 4.2g으로 꽤 많이 들어있다. 주된 에너지원이기도 한 지방은 신생아의 건강한 발육에 필수적이며 특히 뇌, 망막 및 신경계 발달에 중요하다. 또한 지용성 비타민의 흡수를 돕는다.

탄수화물

모유에 포함된 탄수화물의 주성분은 락토스로 모유 100mL당 7g이 들어있다. 아기가 모유에서 얻는 에너지의 약 40%가 락토스다. 락토스는 위 속에 있는 해로운 박테리아를 감소시키고 건강에 도움을 주는 박테리아가 잘 자라게 한다. 또한 칼슘, 인, 마그네슘의 섭취를 돕는다. 다음은 올리고당으로, 인간 모유에만 들어있는 올리고당류가 많아 이의 중요성에 많은 관심이 쏠리고 있다.

기타

산모가 섭취하는 비타민 종류와 양에 따라 모유의 비타민 함유량이 달라진다. 그런 점에서 산모가 영양분을 충분히 섭취하는 것이 무엇보다 중요하다. 지용성 비타민 A, D, E, K와 수용성인 비타민 C, 리보플래빈, 니아신, 판토텐산은 신생아의 건강에 필수적이다. 칼슘, 인, 나트륨, 칼륨, 염소 등의 미네랄도 마찬가지다.

모유 올리고당의 놀라운 효과

모유 올리고당은 신생아의 면역계를 도와 질병을 유도하는 병원균이 세포 표면에 달라붙지 못하게 한다. 또한 장내 유익균 생성을 촉진해 해로운 균을 쫓아낸다. 그밖에도 모유 올리고당은 항균성을 지녀 제약회사들이 관심을 보인다. 분유 제조업체들 또한 모유 올리고당이 저렴한 가격으로 공급되기를 고대하고 있다. 현재까지 시판되고 있는 모유 올리고당은 2'FL2'-Fucosyllactose과 LNntLacto-N-neotetraose이다. 2'FL은 모

2'FL의 화학구조

LNnt의 화학구조

유에 가장 많이 들어있는 올리고당이다. 곧 독일에서 3가지 모유 올리고당이 분유에 추가적으로 사용될 것이라고 전해졌다.

지난 10년 동안 분석화학자들은 모유에 들어있는 올리고당의 구조를 밝혔다. 그러나 각각의 올리고당은 약 30개의 구조 단위로 연결돼 이를 파악하기란 매우 어렵다. 모유 올리고당을 구성하는 기본 구조 단위는 다섯 가지다. 이들은 히드록시-애기가 여러 개 있는 구조인데, 합성을 위해서는 보호기를 사용해 원하는 반응을 유도한 후 보호기를 제거하는 번거로운 과정을 거쳐야 한다. 한 예로 LNnt를 합성하려면 무려 20단계를 거쳐야 한다. 일부에서는 효소 합성법을 시도하고 있으나, 알맞은 효소를 찾기란 쉽지 않다. 유전공학을 통해 얻은 박테리아를 사용하는 발효법도 사용되고 있다.

모유 올리고당 속에 들어있는 생리적 기능과 약리 작용에 대한 이해는 아직 매우 부족하다. 그러나 최근 미국 캘리포니아대학교의 연구팀은 모유 올리고당이 조산아에게 흔히 발생하는 괴사성 소장결장염을 막

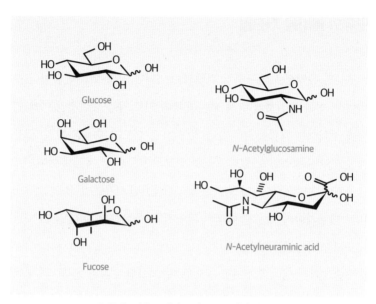

모유 올리고당을 구성하는 기본 구조 단위 다섯 가지

아준다는 사실을 발견했다. 또 다른 연구진들은 모유 올리고당이 항생제에 저항성이 큰 균들을 막는다는 사실을 밝혀냈다. 이에 덧붙여 일부 올리고당이 항생제의 효과를 높여주므로 항생제 사용량을 줄이는 가능성도 보여줬다. 이 밖에도 모유 수유의 장점이 모유 올리고당에서 유래한다는 사실이 밝혀지면서 이 분야에 대한 연구가 활발히 진행 중이다.

인간 모유에는 200종 이상의 모유 올리고당이 들어있는 데 반해 우유에는 60종, 쥐의 경우는 단 2종만 들어있다. 인간 모유 올리고당 중 대략 155종의 구조가 밝혀졌다. 현재 인공 모유 시장의 규모는 약 12조 원이다.

모유의 올바른 저장법

　모유의 유익성을 연구하기 위해서는 넉넉한 양의 모유 공급이 필수적이다. 이를 해결하기 위해 모유 은행이 일부 가동 중이지만 여러 연구를 위해서는 턱없이 부족한 실정이다. 또 산모가 수유를 할 수 없을 때 신생아에게 먹일 수 있게 하려면 산모의 모유를 잘 저장해 아기에게 공급해야 한다. 아무리 잘 보관하여도 저장했던 모유는 방금 짠 모유에 비해 박테리아와 싸우는 능력이 떨어지고, 항산화제, 비타민 및 지방 농도에 뒤지기 마련이다.

　짜낸 모유는 얼마나 저장할 수 있을까? 저장한 모유를 언제 사용할지에 따라 실온이나 냉장고와 냉동고에 각각 저장이 가능하다. 일반 지침은 아래와 같다. 저장 모유는 지방층이 위로 떠오르는 경향이 있으므로 아기에게 먹이기 전에 젖병을 부드럽게 흔들어주어 골고루 섞일 수 있도록 해야 한다. 저장 모유를 컵이나 병으로 먹이는 경우, 아기 입에서 박테리아가 모유 속으로 들어가게 되므로 남긴 모유는 버려야 한다. 해

냉동 장소	안전한 저장 시간	매우 청결한 조건 시
실온 (16-25℃)	4시간	6시간
냉장고 (4℃)	3일	5일
냉동고 (-18℃)	6개월	9개월
냉동 우유를 냉장고에서 녹인 경우	실온에서 2시간	냉장고에서 24시간

모유 보관 지침

동한 모유는 실온에서 2시간 이내에 먹이고, 그 이후에는 버려야 한다. 한번 녹인 모유는 다시 냉동하면 안 된다. 일반적으로 아기는 자신의 체온과 비슷한 온도의 우유를 선호한다.

모유의 과학에는 아직도 풀어야 할 과제가 많다. 모유의 장점이 새로 발견될 때마다 모유 중 어느 성분이 그러한 생리적 기능을 유발하는지 밝혀야 하기 때문이다. 모유에 포함된 올리고당에 관심이 집중되는 이유도 이 때문이다. 모유 내 올리고당의 분자량, 조성, 구조, 기능이 밝혀진다면 더 우수한 인공 모유를 개발해 저렴한 가격으로도 대량 공급이 가능해질 것이다.

현재까지 시판이 허가된 모유 올리고당은 2가지뿐이다. 모유의 올리고당 연구, 합성법 개발, 기능 규명은 물론 어떤 생화학적 과정으로 이들이 산모 체내에서 합성되는지 밝히는 일이 어렵기 때문이다. 더 나은 인공 모유의 개발은 아직 멀어 보인다. 그러나 그만큼 과학계가 수행할 과제가 많이 남아있다.

남성들의 피임법 성공할까?

　남성들의 대표적인 피임법에는 콘돔 사용과 정관수술이 있다. 콘돔은 성병 감염을 예방할 수 있는 가장 쉽고 부작용이 적은 피임법이지만, 잘못된 사용법으로 피임 실패율이 10~20%에 이른다. 정관수술의 경우도 완전하지 않거나 복구 수술이 100% 성공적이지 못한 단점이 있다.

　콘돔은 이탈리아의 해부학자 팔로피우스가 매독 감염 방지를 위해 1504년 린넨을 사용해 처음 만들었고, 지금 같은 고무제품은 1844년부터 사용되어 왔다. 콘돔의 사용은 기원전 3천여 년경 초기 이집트 왕조 시대로 거슬러 올라간다. 당시 콘돔은 돼지나 염소의 맹장이나 방광을 이용해 만들었다. 당시의 그림이나 조각품을 보면 음경에 주머니를 씌운 모습을 볼 수 있다. 그러나, 당시는 피임 목적이 아니었고 성기가 벌레에 물리지 않도록 보호하는 장치로 사용했다고 한다. 피임이 사회적 관심사로 떠오른 것은 19세기 이후이다.

최근에 개발 중인 남성 피임법

남성의 피임법으로 여러 가지 시도가 있었으나 아직 성공한 남성 피임법은 없다. 아래는 그동안 진행된 시도 중 몇 가지 진전을 보이는 연구들이다.

비호르몬 경구 피임약

남성들을 위한 경구 피임약은 주로 남성호르몬인 테스토스테론을 타깃으로 개발되었다. 그러나 이 방법은 체중 증가, 우울증 유발, LDL 콜레스테롤 증가 등의 부작용을 유발해 권장하지 않는다. 최근에는 이런 부작용을 피하기 위해 비호르몬 방법이 거론되고 있다.

미국 미네소타대학교의 아운다 게오르그 박사는 레티노산 수용체-알파(RAR-α) 단백질에 주목했다. 그는 쥐를 대상으로 한 실험에서 RAR-α를 불능화하면 불임을 유발할 수 있다는 사실을 발견했다. 게오르그 연구진은 부작용을 최소화하기 위해 RAR-α를 선택적으로 억제할 화합물 구조를 설계했고, 그중 가장 우수한 물질인 YCT-529를 합성하는 데 성공했다. 이 화합물은 세포의 성장과 분열에 관여하는 레틴산

YCT-529의 화학구조

이 RAR-α에 결합하지 못하게 해 정자 생산을 막는다. 실제로 수컷 쥐에게 YCT-529를 4주 동안 먹였더니 정자 수가 극적으로 감소해 피임 성공률이 99%에 달했다. 다행히 치명적인 부작용은 아직 관찰되지 않았다. 현재 YCT-529의 유도체와 부작용 연구가 심도 깊게 진행 중이다. RAR-α는 여러 부위에서도 발현되므로 YCT-529와 유사한 화합물이 심장이나 눈 등에 미치는 영향도 주의 깊게 살피고 있다.

피부에 바르는 젤

한 남성이 샤워 후 어깨 근처에 젤을 바른다. 피부 보호를 위한 화장품이 아니라 바르는 남성용 피임젤이다. NES/T라는 이름의 이 젤은 남성호르몬의 생성을 억제하는 네스토론nestorone과 남성호르몬인 테스토스테론testosterone의 합성어다. 네스토론은 고환에서 생성되는 테스토스테론을 감소시켜 정자 생산을 억제하고, 젤에 포함된 합성 테스토스테론

테스토스테론과 네스토론의 화학구조

은 혈액 내 테스토스테론 수준을 유지시켜 성욕 감퇴와 같은 부작용을 방지한다. 현재 NES/T젤의 임상 2상이 진행 중이며 내년에 3상이 논의될 것으로 예상된다.

젠다루사 경구 피임약

인도네시아 파푸아섬 원주민들은 결혼 후 첫날 밤 신부의 임신을 방지하기 위해 신랑이 젠다루사 잎을 우린 차를 마시는 풍습이 있다. 젠다루사 잎은 자연적인 피임약인 셈이다. 현재 젠다루사는 인도, 말레이시아, 스리랑카 등의 숲에서 많이 발견된다. 인도네시아 아이를랑가대학교 밤밤 프라조고 박사 연구팀은 젠다루사 추출물로 경구용 남성 피임약을 개발했다. 연구 결과에 따르면 성관계 1시간 전에 이 약을 먹으면 99%의 피임효과를 얻는다고 한다. 젠다루사 잎이 정자의 힘을 감소시켜 난자까지 도달할 수 없게 만든다고 알려졌으나, 성분의 기능이나

TDI-11861의 화학구조

부작용 등에 관한 정보가 더 명확히 밝혀지기 전까지 상용화는 어려울 것으로 예상된다.

미국 뉴욕의 웨일코넬의과대 멜라니 발바흐 박사가 이끄는 연구팀은 수용성 아데닐릴 시클라아제SAC를 일시적으로 억제하는 능력을 지닌 새로운 화합물 TDI-11861을 발견했다. 수용성 아데닐릴 시클라아제는 정자의 운동을 조절하는 효소로, 정자의 성장과 운동에 중요한 역할을 한다. 연구진은 TDI-11861를 투여한 수컷 쥐의 정자 운동이 약 2시간 30분 동안 멈춘 것을 확인했다. 8시간 후 일부 쥐는 다시 생식 능력을 회복했고, 24시간 후에는 모두 정상으로 돌아왔다. 발바흐 연구팀은 다른 동물을 대상으로도 실험을 진행 중이며, 곧 임상 시험도 가능해질 것으로 보인다.

정자의 이동을 막는 피임법

2018년 4월, 미국의 벤처 기업인 에핀파마가 정자의 이동성을 감소시키는 EP055라는 피임약을 개발했다고 발표했다. 원숭이를 대상으로 한 실험에서 이 약은 우수한 피임 성공률을 보였고, 투약을 중지한 지 18일 후에 생식 능력이 회복됐다. EP055는 정자의 표면 단백질인 EPPIN에 결합해 정자의 운동성을 감소시켜 난자에 침투하는 능력을 떨어뜨린다. 이는 정자 생산을 중단시키는 약보다 효과가 빠르다는 장점이 있다. 미국 웨일코넬의과대의 요헨 벅과 로니 레빈 교수도 유사한 접근법으로 남성들의 피임약을 개발하고 있다. 그들이 실험하고 있는 약은 고리형아데노신일인산cAMP 생산을 막아 정자의 운동 능력을 제거한다.

EP055의 화학구조

바살젤

바살젤vasalgel은 미국 비영리 의료기관인 파시무스 재단이 개발한 비호르몬 남성 피임법이다. 고분자 젤을 정관에 주사하는 이 방법은 정자를 차단하고 정액은 배출되도록 해 정관수술과 동일한 효과를 지닌다. 바살젤을 제거하면 원상태로 복구되기 때문에 피임 전 상태로 되돌릴 수 있다. 토끼를 대상으로 한 실험에서 이 방법이 피임에 매우 효과적임이 밝혀졌다. 인도에서도 바살젤과 동일한 접근법을 사용한 남성용 피임약 'RISUG'를 개발 중이다.

지난 20년 이상 여러 연구진이 피임법 개발에 매진한 끝에 상대적으로 부작용이 적은 비호르몬 피임법이 세계적 관심을 받고 있다. 이미 FDA로부터 임상 시험을 허가받아 남성들을 대상으로 진행 중이다. 비호르몬 방법을 이용한 남성 피임이 가능해지면 피임의 부작용에서 벗어날 수 있을 것으로 기대된다.

스마트 의류의 등장

스마트 직물은 직물과 전자기술을 융합한 제품으로, 자주전자직물이라고도 불린다. 이는 주위 환경이나 사용자와 상호작용이 가능한 섬유제품을 광범위하게 부르는 명칭이다. 스마트 직물은 다음과 같이 세 유형으로 분류된다.

1. 수동적 스마트 직물 : 센서를 통해 주변 환경과 사용자를 감지

2. 능동적 스마트 직물 : 감지 기능과 작동 기능을 함께 지님

3. 초 스마트 직물 : 감지, 반응, 작동 기능을 모두 지님

센서는 신호를 탐지하는 일종의 신경계 역할을 하므로, 모든 스마트 직물에 필수적이다. 심전도, 근전도, 뇌파도 감지에 사용되는 직

물 센서는 생의학 분야에서 중요하게 다뤄진다. 또한, 센서는 온도를 감지할 수 있는 천이나 발광소자가 포함된 직물 제작에도 활용 가능하다.

원래 형태로 돌아오는 성질을 가진 형상기억직물은 움직임을 감지할 수 있으며, 근전도와 결합하면 근육 건강을 모니터링할 수 있다. 이 직물에 탄소전극을 적용하면 산소, 염분, 수분, 공해물질을 측정할 수도 있다. 스마트 직물의 능동적 기능으로는 동력 생산과 저장, 인간과의 인터페이스, 라디오파RF 등이 있다. 모든 전자장치는 동력이 필요하며, 이는 스마트 직물 개발의 주요한 설계 과제이다. 동력 생산은 압전소자와 광전자소자 등을 통해 가능하다.

기계와 인간 간 인터페이스가 가능한 장치에는 입력소자와 디스플레이소자가 있다. 입력소자는 섬유에 축전기 조각을 심어 구부림, 압력, 압축, 잡아 늘이기 등을 감지할 수 있다. 디스플레이소자로는 직물 스피커, 전자발광 실, 유기발광 다이오드OLED 실 등이 있다. 스마트 직물 연구의 첫 단계는 스마트 소재의 탐색이며, 다음 단계는 이런 소재를 어떻게 가공해 스마트 직물을 얻는가이다. 스마트 직물은 의료, 체육, 예술, 국방, 우주항공 등 다양한 영역에 적용된다. 특히 스마트 직물을 통해 개인의 건강을 모니터링하는 분야가 큰 관심을 받고 있다.

스마트 직물 소재의 개발

전도성 섬유

금속 단섬유가 주를 이루며, 직물 직조나 뜨개질 세공을 통해 가공한다. 사용되는 금속은 구리, 은, 아연, 알루미늄, 청동, 강철섬유 등이다. 스위스 기업 엘렉트리솔라와 스위스실드가 전도성 섬유를 시판하고 있다.

전도성 직물

은, 구리, 니켈 등 금속 실을 섬유 실에 꼬아 직조하거나, 뜨개질 세공을 통해 가공한다. 영국의 발렉스는 페러텍이라는 제품명의 전도성 직물을 시판 중이며, 미국의 트렘실드는 몇 가지 금속 실을 직조한 나일론 천을 시판하고 있다. 또 MIT 그룹은 전도성 패턴을 섬유 자수법에 적용하는 방법을 제안했다.

전도성 잉크

은, 구리, 금 나노입자 등을 포함한 잉크를 섬유에 프린트하는 방식이다. 유기 반도체 같은 재료에 적합한 기술인 잉크 프린팅이 특히 주목받는다. 그러나 이 방법은 잉크가 작은 방울 형태로 직물에 적용되므로 두께와 분산 균일성이 좋지 않다는 단점이 있다.

섬유의 코팅

직물을 금속, 금속염, 전도성 고분자 등으로 코팅한다. 은 박막과 전도성 고분자 코팅이 대표적 예다. 독일의 섬유연구소 TITV는 나일론 6,6을 은으로 코팅한 엘텍스를 개발했다.

안테나

의복에 장착한 센서에서 얻은 정보를 전달하는 역할을 하므로, 스마트 의류 개발에 필수적이다. 의류에 적용하는 안테나에서 중요한 점은 의복을 통신망과 연결해주면서도 전자소자가 눈에 덜 거슬려야 한다는 것이다. 따라서 안테나는 얇고 가벼우며, 별도의 관리 없이도 기능이 유지되고, 라디오파 회로에 쉽게 집적이 가능해야 한다. 이를 위해 스위스의 텍스트레이스가 섬유 RFID 라벨 제조법과 부품을 제공하고 있다.

센서용 전도성 재료

+ 신장 센서

직물이 늘어나 피부와 넓게 접촉하면서 신체 정보를 감지하고 모니터링하는 센서다. 주로 심장박동, 호흡, 움직임, 혈압 등을 측정한다. 이를 위해 압전 재료와 전도성 재료가 주목받고 있다. 벨기에의 한 업체가 개발한 인텔리텍스라는 옷으로 병원에서 환자들의 심장박동과 호흡을 장시간 모니터링할 수 있다.

+ 압력 센서

스위치, 전자소자와 인터페이스, 맥박, 호흡, 체온, 혈압 등 사용자의 생명징후 모니터링 등에 사용된다. 영국 엘렉센 기업은 전도성 금속섬유와 나일론섬유로 구성된 부드럽고 유연한 일렉텍스를 시판하고 있으며, 미국 PPS사는 고성능 압력 센서와 촉각 감지 시스템을 개발 중이다.

+ 전기화학 센서

실시간으로 땀의 성분, pH 변화를 측정할 수 있는 센서다. 아일랜드의 국립센서연구센터는 착용 가능하고 전기화학 센서를 지닌 직물을 개발했다.

스마트 직물의 한계와 가능성

스마트 직물은 전도성, 유연성, 생체 적합성, 기계적 감도, 간편한 세탁법 등 종류마다 각기 다른 장점이 있지만 단점도 존재한다.

의복은 신축성, 회복성, 감촉, 재단의 용이성 등이 매우 중요하기 때문에 전도성 실의 경우 재질과 길이가 중요하다. 금속선과 금속섬유의 차이가 분명치 않으나, 독일 기업 스프린트의 경우 금속선은 지름이 30마이크로미터~1.4mm, 금속섬유는 2~40마이크로미터로 구별한다. 전도성 천은 섬유 간 접촉점을 조정하기 힘들다는 단점이 있는데,

이를 위해 MIT 연구진은 전도성이 다른 실을 결합할 수 있는 컴퓨터 보조 설계 방식을 개발하기도 했다. 천에 전도성 선로를 직접 프린팅하는 방법이 널리 사용되는데, 이 방식은 프린팅 두께를 조절하기 어려워 필요에 따라 프린팅을 여러 차례 반복해야 한다. 또한 천이 주름질 경우 전도성이 달라질 수 있다. 이 밖에도 코팅법의 경우, 금속과 섬유의 접착 부분에 부식이 발생할 수 있다는 단점이 있다.

스마트 직물 분야에서 전력을 제공할 소자를 심는 방법은 매우 중요하다. 재충전이 가능한 리튬 배터리 등을 섬유나 직물에 적용하는 것은 어렵기 때문에 운동에너지나 열에너지, 태양광에너지를 수확하는 섬유 개발이 진행 중이다. 독일 기업 인피니언은 압전 재료를 결합시켜 신체 운동에너지를 동력으로 삼는 스마트 재킷을 개발 중이다. 영국의 볼턴대학교 연구팀은 압전 고분자 지질에 광전기성 코팅을 입힌 필름과 섬유를 개발해 태양, 바람, 파도 등 자연으로부터 에너지를 수확하는 새로운 기술을 개발했다. 미국 조지아대학교의 한 연구팀은 금과 산화아연나노선으로 코팅한 섬유를 통해 운동에너지를 수집한 뒤 이를 전류로 전환할 수 있다고 주장했다. 이러한 광전지 의류는 첨단제품 분야에서 가장 큰 관심을 끌고 있다. 일본 유니티카가 개발한 서모턴 천 속에는 탄화지르코늄 미립자가 들어있어 태양광을 흡수해 열에너지로 저장할 수 있다. 한편 독일 프라운호퍼 연구팀은 소형 배터리를 천에 프린팅한 후 박막실링처리 한 전자섬유를 개발했다.

영국 기업 아이디테크엑스가 주관한 회의에서 미국 기업 센소리아가 개발한 스마트 양말이 웨어러블 디바이스 분야에서 1위를 차지했다. 이 양말은 은 기반의 신축성·전도성 실을 직조해 제작되었다. 발목에 장착된 센서로부터 수집된 데이터는 블루투스를 통해 스마트폰 앱으로 전송된다. 발이 땅에 닿는 횟수와 시간 등의 정보가 전달되기 때문에 달리기 선수들의 훈련에 유용하다. 센소리아는 심박수를 측정할 수 있는 셔츠도 개발했다. 미국의 듀폰과 일본의 나가세켐텍스는 각각 은 페이스트와 전도성 고분자 잉크를 개발해 태양전지 제조사에 공급하고 있다. 이 밖에도 여러 기업들이 압전소자를 사용해 걷는 사람의 압력을 측정하는 구두나 운동화를 개발 중이다.

스마트 의류를 만들 때 전자기술을 직물에 접목했다고 끝이 아니다. 옷이란 오래 입을 수 있고, 가벼우며, 세탁이 간편해야 한다. 무엇보다 전자소자의 기능과 옷의 수명이 비슷해야 한다. 물론 가격도 제품의 상품성을 판단하는 중요한 기준이다. 스마트 직물이 장착된 야외 스포츠복과 배낭으로 심박수, 체온, 혈압을 실시간으로 확인할 수 있는 시대가 우리 눈앞에 다가왔다.

녹아내리는 남극

온실가스 배출은 지구온난화의 주범이다. 온실가스에는 이산화탄소, 메탄, 질소산화물 등이 있는데, 이 중 화석연료 사용에 따른 이산화탄소의 배출이 가장 주목받고 있다. 지구의 평균 온도는 1950년경부터 빠른 속도로 증가했다. 다음의 그래프를 보면 지구의 평균 농도는 이산화탄소의 평균 농도와 놀라울 정도로 비례하고 있음을 알 수 있다. 2013년에 발표된 유엔 산하 IPCC 보고서는 인류의 화석연료 소비 증가가 지구온난화의 주요 원인임을 잘 보여준다. 게다가 화석연료를 사용할 때 생기는 수증기는 지구온난화에 더 큰 악영향을 끼친다.

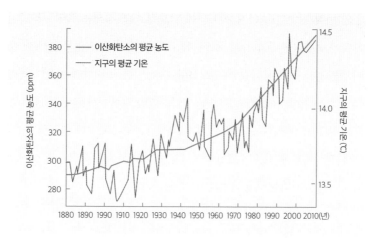

이산화탄소의 평균 농도와 지구의 평균 기온 변화 그래프

지구온난화를 줄이려는 노력

최초의 기후변화협약회의

지구온난화를 줄이려는 노력은 유엔을 중심으로 시작됐다. 1992년 브라질의 리우데자네이루에서 열린 최초의 기후변화협약회의에서 190여 개국이 온실가스 감축을 위한 협정에 가입했다. 유엔 기후변화협약 당사국들은 1995년부터 매년 회의를 열었고, 1997년 일본 교토에서 개최된 제3차 총회에서 교토의정서를 채택했다.

교토의정서

교토의정서는 선진국의 온실가스 감축에 초점을 둔 협약이다. 선진국들의 법적 비준이 늦어져 2005년에 발효된 이 의정서는 2008~2012년 사이에 선진국의 온실가스 배출량을 1990년 대비 매해 평균 5.2%씩 줄여가는 것을 목표로 설정했다. 그러나 미국, 일본, 러시아 등이 탈퇴하면서 실효를 거두지 못했다. 2011년 남아프리카 더반에서 열린 제17차 총회에서 2020년 이후에 적용될 신기후협상(Post-2020)에 합의했다. 이는 선진국에만 한정됐던 교토의정서와는 달리 모든 당사국이 온실가스 감축에 참여한다는 내용이었다.

파리협정

2015년 12월 12일 프랑스 파리에서 개최된 제21차 총회에서는 신기후협상의 토대가 될 파리협정이 채택되었다. 파리협정의 가장 중요한 내용은 산업화 이전 시대보다 지구의 평균 온도가 2℃ 이상 상승하지 않도록 온실가스 배출을 단계적으로 줄이는 것이었다. 미국 전 대통령 버락 오바마가 주도한 이 협정에서 선진국뿐만 아니라 195개 당사국 모두가 온실가스 감축에 참여할 것을 합의했다. 이들은 자발적으로 목표를 결정해 '국가결정기여NDC'를 제출했다. 미국은 2024년까지 26~28% 절대량 감축을 약속했으며, 우리나라는 2030년 배출 전망치 대비 37% 감축을 목표로 삼았다. 중국은 2030년까지 GDP 대비 배출량 기준의 60~65%를 감축하겠다는 야심 찬 목표를 세웠다.

지구온난화의 영향

지구온난화의 영향으로 각종 자연재해의 발생 빈도가 늘어났다. 대표적으로 가뭄, 폭염, 폭우나 폭설 등을 꼽을 수 있다. 아열대 지방의 사막화도 더욱 빨라지는 추세다. 또한, 급격히 늘어난 해충과 열대성 질병 발생률의 증가로 농작물의 피해도 극심해지고 있다. 지구온난화의 영향은 바다에서 더 심각하게 드러난다. 그중에서도 가장 큰 영향을 받는 곳은 북극으로 영구동토층, 빙하, 해빙이 빠른 속도로 녹고 있다. 대기 중 이산화탄소 농도의 증가는 해수를 산성화하고, 해수면의 온도 상승은 수중 생태계를 교란시켜 일부 종이 멸종되는 현상이 발생한다. 가장 큰 문제는 변화에 대해 느리게 반응하는 기후 시스템의 관성이다. 한 번 배출된 온실가스는 대기 중에 오래 머물게 되므로 기후변화는 몇백 년, 심지어 몇천 년 동안 지속될 가능성이 있다. 이러한 이유로 일부에서 2015 파리협정은 이미 늦은 조치였다는 우려를 제기했다.

북극에 이어 남극도 해빙 중

북극의 빙하가 거의 녹아 별도의 쇄빙선 없이도 북극 항로를 통과할 수 있게 되자 비용과 시간이 절감돼 선박 회사들이 환호했다는 내용의 기사를 읽은 적이 있다. 이를 보고 필자는 실소를 금할 수 없었다. 전혀

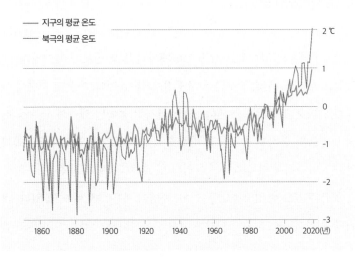

—— 지구의 평균 온도
—— 북극의 평균 온도

세계 평균 온도와 북극 온도 변화 그래프

즐거워할 상황이 아니기 때문이다. 빙하가 녹아 북극곰들이 삶의 터전을 잃어가고 있다. 실제로 우리는 바다에 떠다니는 얼음 조각 위에서 어쩔 줄 몰라 하는 북극곰들의 사진을 자주 접한다.

전 세계의 온도 변화 추이를 보면 1880년 이후로 기온이 0.9℃ 올랐으나 북극 온도는 2배나 올랐다. 미국국립해양대기청NOAA이 2016년에 발표한 북극 보고서에 따르면 2015년 10월부터 2016년 9월까지 평균 기온은 1900년대 초보다 3.5℃나 높았다. 위의 그래프를 보면 1850년부터 현재에 이르기까지 북극 온도는 꾸준히 상승했다. 특히 2016~2017년의 기온 상승이 크게 눈에 띈다. 북극의 기온이 지속적으로 증가하는 이유는 '북극 증폭' 때문이다. 북극 증폭은 북극 지역이 다른 지역보다 온난화가 빠르게 진행되는 현상을 의미한다. 얼음이 녹아 사라지면 지표면이 드러난다. 노출된 지표면은 태양열과 빛을 흡수해 지표상의 공기를 데우는데, 그 결과 주위의 얼음이 더 빨리 녹는다. 얼음에 반사되는 태양빛이 줄어들어 열이 그대로 흡수되는 것도 북극 증폭의 원인이다.

캐나다의 매켄지 델타와 그 주변 툰드라 지역에서 영구동토층의 해동이 예상보다 기후변화에 큰 영향을 미친다는 보고가 있었다. 이로 인해 툰드라층에 있는 메탄이 더 쉽게 방출되며, 그 결과 온실효과가 더욱 강화될 것이라는 우려가 제기됐다.

지구온난화로 기온이 올라가면서 면적이 영국의 7배나 되는 그린란드의 얼음도 녹고 있다. 북극 증폭과 유사한 현상이 발견됐으며, 빙하 표면에 확산된 흑색 조류 때문에 얼음은 더 빨리 녹고 있다. 영국 브리스톨대학교 연구팀은 지난 20년간 그린란드 상공의 구름이 줄어들고 있다고 밝혔다. 구름의 감소는 지상의 온도를 높여 흑색 조류의 성장을 촉진시킨다. 지금 속도로 그린란드의 얼음이 녹는다면 해수면은 매년 약 1mm씩 상승한다. 2013년 유엔은 해수면의 높이가 21세기 말에는 98cm 상승할 것으로 예측했다.

2017년 7월 영국의 남극 연구팀은 남극대륙의 라르센 C가 붕괴해 남극 바다에 떠다니기 시작했다고 발표했다. 라르센 C는 서울 면적의 10배, 무게는 1조 톤이 넘는 거대한 얼음판ice shelf이다. 이러한 현상의 주된 원인은 지구온난화 때문으로 추정된다. 세계기상기구

WMO의 온실가스 보고에 따르면 2016년 지구상의 이산화탄소 농도는 403.3ppm으로 전년의 400ppm보다 증가해 새로운 기록을 세웠다.

온실가스로 인한 지구온난화로 지구는 벼랑 끝에 섰다. 우리가 경험 중인 전례 없는 이상기후와 폭염, 태풍, 폭우 등의 재난을 막기 위해서는 전 인류가 온실가스 감축에 적극적으로 노력해야 한다. 이 엄청난 과학적·기술적 난제에 대한 구체적인 해결책과 더불어, 우리의 생활 방식이 얼마나 많은 온실가스를 배출하는지 되돌아보는 자세가 필요하다.

고기 없는 식탁

　세계에서 육류 소비가 가장 많은 미국에서 식물성 대체육 햄버거가 시장을 넓혀가고 있다. 미국은 1960년대부터 이미 콩 단백질을 변형시켜 대체육을 만드는 연구를 진행했으나 육류를 대체하거나 제품을 상용화하는 데는 성공하지 못했다. 그러나 식품과학자와 생산업체들은 우수한 대체육을 개발하기 위해 포기하지 않고 연구를 이어갔다.

　미국의 대체육 생산업체 비욘드 미트와 임파서블 푸드가 2016년 각각 출시한 비욘드 버거와 임파서블 버거가 인기를 끌면서 육류가 들어있지 않은 버거와 채식

육에 관심이 증가했다. 당시 비욘드 미트의 시가 총액은 한국 돈으로 약 7조 4000억 원을 넘었고, 라이벌 업체인 임파서블 푸드의 기업 가치도 2조 3700억 원 이상을 달성했다. 이 회사들은 초기에는 식물성 단백질을 기초로 한 대체육 개발에 앞장섰으나, 최근에는 동물세포 배양육에 관심을 보이고 있다.

대체육에 관심이 쏠리는 이유

건강 문제

육류 위주의 서구식 식단에 대한 비판은 오랫동안 계속되어 왔다. 특히 붉은 육류의 과다 섭취가 건강에 악영향을 미친다는 의견이 많다. 2015년 국제암연구기관IARC은 붉은 육류를 2급 발암물질로 분류했다.

붉은 육류를 하루 100g 이상 과다 섭취할 경우 대장암, 위암, 유방암, 췌장암, 전립선암의 발생률이 높아진다. 또한, 심장에 혈액을 공급하는 혈관이 좁아져서 심장에 흘러 들어가는 피의 양이 줄어드는 관상동맥질환 위험성이 증가한다. 이는 가슴에 통증을 유발하고 심한 경우 심장마비에 이를 수도 있다. 뇌혈관에도 영향을 준다고 알려졌으며, 뇌경색이나 뇌출혈을 일으켜 뇌졸중 위험을 높인다. 우리나라에서 뇌졸중은 암에 이어 두 번째로 높은 사망 원인이다. 붉은 육류를 많이 섭취하는 남성에게는 게실염 발생 위험이 증가한다는 연구 결과도 있다. 소시지나 햄 같은 가공육 섭취는 더욱 위험하다. 육류 조리 중 발생하는 발암물질도 고려 대상이다.

환경보호

동물성 단백질을 얻기 위해서는 같은 양의 식물성 단백질을 얻을 때보다 물이나 화석연료 같은 자원이 훨씬 더 많이 소비된다. 가축의 사료로 쓰이는 옥수수나 곡물의 양도 어마어마하다. 게다가 가축의 배설물에서 발생하는 온실가스는 지구온난화를 가속화한다.

비욘드 미트는 대체육을 섭취하면 환경과 자원을 보호할 수 있다고 설명했다. 임파서블 푸드도 식물성 버거는 동물성 버거를 만들 때보다 온실가스를 87%나 적게 생성한다고 주장했다.

동물 복지

비욘드 미트의 설립자 이선 브라운은 어린 시절 농장에서 동물을 도축하는 모습을 보고 동물을 꼭 먹어야 하는지 의문이 들었다고 한다. 필자도 동물의 도축과정을 담은 다큐멘터리를 보고 가슴 아파했던 경험을 잊을 수 없다. 생명 존중의 가치를 바탕으로, 인류는 육류 소비를 줄이는 노력에 기꺼이 지지하고 동참할 것이라 믿는다. 이미 홍콩의 옴니포크 기업이 돼지고기와 유사한 식물성 대체육을 개발해 판매하고 있어 앞으로의 성장이 기대된다.

식물성 제품과 대체육 버거

대체육에 사용되는 식물성 제품에는 렌틸콩, 병아리콩, 강낭콩, 완두콩 등의 콩류와 콩으로 만든 두부, 템페가 있다. 이 밖에도 버섯, 비트, 브로콜리, 가지, 감자, 홍당무, 각종 씨앗과 견과류도 사용된다. 밀에서 추출한 글루텐도 식물성 육류 제조에 활용되는데, 글루텐 알레르기 체질인 사람은 섭취할 수 없다는 단점이 있다.

임파서블 푸드는 채식주의자인 스탠퍼드대학교 생화학교수 패트릭 브라운이 2011년에 설립했다. 모든 회사가 대체육의 성분을 발표하지는 않지만, 임파서블 푸드는 자신들이 개발한 대체육의 성분을 공개해 왔다. 이 회사는 글루텐 알레르기가 있는 소비자를 위해 밀 글루텐을 콩으로 바꿨다. 또한 식감을 개선하기 위해 메틸셀룰로스라는 화학첨가물을 추가했다. 포화지방산을 줄이기 위해 코코넛 오일 대신 해바라기씨유를 사용했다. 괄목할 만한 성과로는 콩의 뿌리혹에 함유된 붉은색소 '레그헤모글로빈'을 이용해 대체육의 맛과 색깔을 구현했다는 것이 있다. 그러나 이는 유전공학적으로 변형시킨 GMO 식품이라 안정성에 논란이 있다. 이런저런 평가에도 불구하고, 임파서블 버거는 미국의 유명 햄버거 체인점인 버거킹을 통해 미국 사회에 깊이 파고드는 중이다. 기존 햄버거가 익숙한 미국인들조차 임파서블 버거가 더 맛있다고 평가할 정도다.

2009년에 설립된 비욘드 미트는 빌 게이츠가 투자한 회사로도 알려져 세계적으로 유명하다. 이 회사가 개발한 대체육에는 완두콩·녹두·쌀 단백질, 카놀라유, 코코넛 오일, 감자녹말, 사과 추출물, 해바라기 레시틴, 석류 가루, 비타민, 미네랄 등 여러 식물성 성분이 들어있다. 육류의 붉은색을 구현하기 위해 비트와 붉은 쌀에서 색소를 얻는다고 알려졌다. 이 회사는 현재 버거 이외에도 소시지와 치킨을 코스트코와 KFC에 유통하고 있다.

미국에서 버거를 식물성 육류로 대체하려는 노력이 활발하다. 우리나라에서도 '콩고기'라는 콩을 기초로 한 대체육 이야기가 한참 나오다가 시들해졌다. 그러나 서구화된 식생활의 문제점이 제기된 사회 분위기와 해외 식품 회사들의 활발한 시장 개척에 자극받아 롯데푸드, CJ제일제당, 동원F&B 등도 이 산업에 뛰어들었다.

대체육을 향한 비판적인 시각

대체육 제조업체들이 5년 이내에 대체육의 값을 저렴하게 하겠다는 계획을 발표했지만, 시중에 유통되는 대체육의 가격은 기존의 육류보다 여전히 비싼 편이다. 식물성 대체육이 육류보다 건강에 좋다는 근거도 아직 부족하다. 특히 유럽을 중심으로 세계 여러 곳에서 GMO 반대 운동이 일어나는 상황이라 뿌리혹 헤모글로빈이 건강에 미치는 장기적 영향이 밝혀져야 할 것이다.

육류 업계의 견제도 만만치 않다. 이들은 대체육에 '고기'라는 표현을 쓰지 말아야 한다고 주장했다. 실제로 미국 여러 주에서는 동물에서 유래하지 않은 고기에 '고기', '버거', '소시지', '핫도그' 같은 표현을 쓰지 못하도록 법안을 제정했다. 덧붙여 대체육 제조업체들의 생산 속도가 급속히 늘어난 대체육의 수요를 감당할 수 있을지 우려의 목소리도 있다.

새로운 고기, 배양육의 탄생

2013년 네덜란드 마스트리흐트대학교의 마크 포스트 교수는 소 어깨에서 채취한 근육세포를 배양해 배양육을 만드는 데 성공했다. 2015년에는 줄기세포 생물학자, 조직공학자, 심장의학자 등이 닭고기 대체육 개발을 위해 멤피스 미트를 설립했고, 현재는 20개 이상의 회사가 배양육을 상품화하고 있다. 소, 닭뿐만 아니라 어류의 세포를 배양한 대체 어육 개발도 연구 중이며, 이미 개구리와 칠면조의 세포를 배양한 사례도 있다.

배양육의 개념은 최초의 배양육 연구 조직인 뉴하비스트의 설립자 제이슨 머시니가 배양육에 관한 독창적인 연구 논문을 발표하며 발전했다. 배양육 개발에서 가장 어려운 점은 세포를 배양하고 이를 대량으로 생산하는 기술이다. 세포를 배양하기 위해서는 설탕, 소금, pH 완충액, 아미노산, 미세 영양소, 성장인자 단백질을 적절하게 조합한 배양액을 사용해야 한다. 그러나 성장인자 단백질을 얻는 과정은 매우 까다로워 시간과 비용이 많이 든다. 게다가 필요한 영양소가 세포마다 달라 배양액을 공통으로 사용할 수 없어 대량으로 생산하는 데 어려움이 있다. 장기적인 관점에서 배양육이 건강에 미치는 연구도 더 필요하다.

이러한 난관에도 불구하고, 미국의 다양한 기업들이 배양육 개발에 전념하고 있다. 식물성 대체육과 동물성 배양육 시장에서 이들이 어떻게 자리 잡아갈지 그 긴 여정이 흥미롭다. 이미 일부에서 시판 중인 곤충을 활용한 식품 역시 대체육과 어떻게 경쟁할지 관심이 쏠리고 있다.

우리 식탁의 모습은 여러 가지 사회적 요구에 따라 변화할 것이다. 따라서 대체육을 단순히 '고기의 대체품'으로 여기지 않고 건강, 환경보호, 동물 복지를 고려해 개발된 균형 잡힌 새로운 영양 식품의 시각으로 접근해야 한다. 이를 위해서는 과학적으로 여러 문제점을 해결함과 동시에 제도와 법 개정이 뒷받침되어야 한다. 우리 식탁에도 대체육이 자연스럽게 올라올 날이 점점 가까워졌다. 채식주의자들이 외치는 '동물은 모두 생명입니다'가 더욱 공감된다.

마이크로 플라스틱과 작별하기

마이크로 플라스틱은 크기가 5mm 이하인 미세 플라스틱 조각을 의미한다. 이 정의는 미국국립해양대기청과 유럽화학물질청ECA이 내린 정의다. '마이크로 플라스틱'이라는 표현은 2004년 영국의 해양생물학자 리처드 톰슨 교수가 사용하면서 처음 등장했다.

최근 마이크로 플라스틱에 의한 환경 파괴와 인류 건강에 미치는 악영향이 사회적 문제로 떠올랐다. 마이크로 플라스틱은 생산공정, 가정 쓰레기, 식품 포장, 의류, 화장품 등 다양한 경로를 통해 배출되며 지구를 오염시키고 있다. 해양에는 무려 30조 이상의 마이크로 플라스틱 조각이 있는 것으로 추정된다. 무게로 따지면 20만 톤이 넘는 수치다.

마이크로 플라스틱의 분류

우리는 흔히 플라스틱이 분해되면서 생성된 '2차 마이크로 플라스틱'을 염려하지만, 제품 자체가 마이크로 크기의 플라스틱으로 제작된 '1차 마이크로 플라스틱'도 문제가 많다. 플라스틱류에 덧붙여 마이크로 크기의 고무와 섬유도 마이크로 플라스틱과 동일하게 환경과 인류에 영향을 미친다.

1차 마이크로 플라스틱류

특수 목적을 위해 마이크로 크기로 생산되는 플라스틱류다. 보통 화장지, 화장품, 의약품, 인공 분사 용품 등에 사용된다. 마이크로 플라스틱을 이용한 공기 분사용 청소기의 사용도 1차 마이크로 플라스틱을 퍼뜨린다.

마이크로 플라스틱

2차 마이크로 플라스틱류

플라스틱이 파열되면서 생기는 작은 플라스틱류다. 폐기되거나 장시간 사용된 플라스틱은 물리적, 생물학적, 화학적 작용을 받으면 눈에 보이지 않을 정도로 작은 파편이 된다. 해양에서는 현재 약 2마이크로미터의 작은 크기까지 관찰된다.

기타 마이크로 플라스틱

마이크로 플라스틱은 옷을 세탁할 때도 발생한다. 합성고무가 마모되거나 도로포장 작업을 할 때 생기는 미세 고무 입자들도 환경을 오염시킨다. 코로나19가 세계적으로 유행할 당시 착용했던 마스크도 마이크로 플라스틱을 퍼뜨린다. 마스크의 필터 부분에는 폴리프로필렌, 폴리우레탄, 폴리아크릴로니트릴, 폴리스티렌, 폴리에틸렌, 폴리에스테르 등 다양한 고분자 재료가 쓰이는데, 이는 분해 시 마이크로 플라스틱을 생성한다. 이미 해양에서 수많은 마스크 폐기물이 발견되고 있다.

마이크로 플라스틱이 미치는 영향

마이크로 플라스틱은 해양은 물론 강, 호수, 늪, 개울에서도 검출된다. 마이크로 플라스틱은 소화기나 호흡기를 통해 생물의 조직 내로 들어간다. 이미 게, 물고기, 산호초에서 마이크로 플라스틱이 발견됐다. 만약 마이크로 플라스틱을 지닌 해양생물을 포식자가 섭취하면 상위 먹이 사슬에 위치한 어류의 몸에는 마이크로 플라스틱이 축적된다. 참치와 농어 등이 그 예다. 해저에 살고 있는 해삼 등에서는 어류에 비해 더 많은 마이크로 플라스틱이 발견된다.

마찬가지로 미세 플라스틱이 축적된 생물을 인간이 섭취할 경우 마이크로 플라스틱이 체내에 흡수된다. 이외에도 물, 공기를 통해서도 마이크로 플라스틱이 유입될 가능성이 있다. 이미 인간의 모든 조직에서 마이크로 플라스틱이 발견되었다. 특히 혈액 속 마이크로 플라스틱이 뇌조직까지 침투할 수 있다는 주장도 제기됐다. 태아의 태반에서 마이크로 플라스틱이 발견됐다는 사례도 보고됐다. 인체에 마이크로 플라스틱이 어떤 해를 줄지에 대해서는 보다 조직적 연구가 필요하지만, 오랫동안 체내에 축적될 경우 해로운 영향을 끼칠 것임은 분명하다.

토양 중의 마이크로 플라스틱 오염과 관련해서는 아직 과학적 연구가 필요하다. 그러나 폐기된 플라스틱이 분해되는 과정에서 생긴 마이크로 플라스틱이 토양을 오염시킬 가능성이 있다. 플라스틱류의 분해로 생기는 마이크로 플라스틱은 장기적 추적을 해야 하며, 동시에 독성물질의 생성도 살펴보아야 할 과제다.

일상에서 마이크로 플라스틱과 작별하기

최근 한 보고에 따르면 인류는 1년간 평균 7만 4천~12만 개 이상의 마이크로 플라스틱 입자를 섭취한다고 한다. 대부분이 섬유에서 나오는 마이크로 플라스틱이며, 호흡기를 통한 유입이 절반 정도를 차지한다. 이는 공기 중에 떠다니는 마이크로 플라스틱이 우리의 건강을 위협할 수 있음을 암시한다. 린네아 해리스 기자는 환경잡지 〈에코 워치〉에 마이크로 플라스틱 줄이는 10가지 방법을 소개했다.

마이크로 플라스틱 줄이는 10가지 방법

1. 플라스틱 용기를 전자레인지에 돌리지 않는다.

2. 수돗물을 걸러 마신다.

3. 플라스틱 컵을 사용하지 않는다.

4. 재활용이 어려운 플라스틱류의 사용을 피한다.

5. 세탁 방법을 개선한다.

6. 플라스틱이 든 화장품을 사용하지 않는다.

7. 해산물 섭취를 줄인다.

8. 티백 대신 찻잎 차를 마신다.

9. 먼지를 잘 치우고 청소를 정기적으로 한다.

10. 일회용 플라스틱 금지 정책을 따른다.

플라스틱, 섬유, 고무제품의 폐기가 얼마나 자연과 생태계를 훼손하고 인류의 건강을 해치는지 이미 잘 알려져 있다. 따라서 토양, 물, 공기가 마이크로 플라스틱으로 오염되지 않도록 우리 모두 힘을 모아야 한다. 마이크로 플라스틱의 발생을 막고 마이크로 플라스틱을 효과적으로 제거할 과학적·기술적 대책이 절실하다.

생분해성 플라스틱 시대

제2차 세계대전 후 급속히 늘어난 플라스틱의 생산과 소비로 '플라스틱 시대'가 막이 올랐다. 플라스틱은 사람들의 목숨을 구해주는 의료장치, 자동차와 비행기 같은 운송 수단, 운동기구, 안전 장비, 간편하고 효율적인 포장재와 용기 등에 적용되며 다양한 분야를 점령했다.

1950년의 세계 플라스틱 생산량은 약 2백만 톤에 불과했다. 그러나 시간이 지날수록 플라스틱 소비량은 더욱 증가해 2010년에는 약 2억 7천만 톤, 2020년에는 무려 4억 톤 이상이 생산됐다. 놀라운 점은 매해 플라스틱 폐기물의 양이 생산량을 능가한다는 것이다. 2015년 기준으로 세계 플라스틱 폐기물처리 방식은 전체의 55%가 폐기, 25%는 소각, 20%는 재활용으로 단순 폐기가 반 이상을 차지한다.

오늘날 플라스틱 생산량의 약 40%는 일회용 플라스틱 제조에 사용

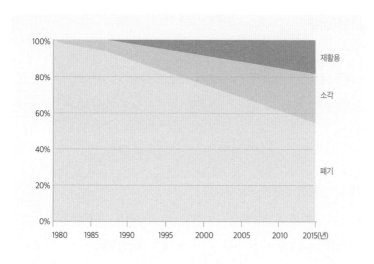

세계 플라스틱 폐기물 양 변화

된다. 플라스틱에는 품질과 내구성 향상을 위해 여러 종류의 첨가물이 포함되는데, 이는 환경을 파괴하고 독성물질을 내뿜는다. 또한, 플라스틱의 수명을 연장시키기 때문에 자연에서 100년 이상 잔류하게 된다.

플라스틱에 의한 환경오염 문제는 더욱 심각해지고 있다. 매해 약 8백만 톤의 플라스틱 폐기물이 해양으로 흘러 들어가며, 폐기물들은 해류를 따라 전 세계 해역으로 퍼진다. 게다가 잘게 부서진 '마이크로 플라스틱'은 공기 중에 떠다니며 해양생물뿐만 아니라 육지동물들에게도 큰 피해를 준다. 플라스틱 소비 감소, 폐기물 관리의 개선, 재활용 확대와 더불어 자연에서 분해될 수 있는 생분해 플라스틱의 중요성이 더욱 확대되고 있다.

생분해성

　생분해성은 박테리아와 곰팡이 같은 미생물에 의해 분해되는 성질을 뜻한다. 모든 유기물에는 생분해 능력이 있지만 분해 속도는 각기 다르다.

환경에 따른 생분해 소요 시간

해양	토양
+ 화장지 : 2~4주	+ 채소 : 5일~1개월
+ 면장갑 : 2~5개월	+ 종이 : 2~5개월
+ 비닐봉지 : 10~20년	+ 나일론 : 30~40년
+ 페트병 : 100년 이상	+ 일회용 컵 : 500년 이상
	+ 비닐봉지 : 500년 이상

　생분해는 생변패, 생단편화, 동화 세 단계로 진행된다. 생변패는 물질의 표면이 압착, 빛, 온도, 화학약품 같은 비생물학적 인자에 노출되었을 때 기계적·물리적·화학적으로 성질이 변화하는 단계다. 생단편화는 미생물에 의한 분해로, 호기성(산소가 있는 환경)과 혐기성(산소가 없는 환경)에 따라 분해되는 생성물에 차이가 있다. 호기성에서는 물, 이산화탄소, 바이오매스를 생성하며 혐기성에서는 메탄가스를 생성한다. 혐기성 분해의 경우 호기성 분해보다 속도는 느리지만, 폐

기물의 부피와 질량을 더 효과적으로 줄이기 때문에 재생에너지를 염두에 둔 폐기물 관리 시스템에 많이 사용된다. 마지막 동화 단계에서는 미생물이 생분해로 생긴 생성물을 흡수해 자연계 미생물세포에 통합된다.

생분해성 플라스틱의 유형

식물, 동물, 미생물 등에 의해 생물학적으로 합성된 바이오 플라스틱과 석유화학제품이 주를 이루는 합성 플라스틱으로 나눌 수 있다.

바이오 플라스틱류

+ 폴리하이드록시알카노에이트 PHA

박테리아 폴리에스테르의 원조로, 1888년에 발견됐다. 이후 1926년에 프랑스 미생물학자 모리스 르모아뉴Maurice Lemoigne가 화학구조를 밝혀냈다.

+ 폴리락트산 PLA

옥수수, 사탕수수, 사탕무 등에서 추출한 녹말을 발효해 얻는다. 포장 재료, 문구류, 수술에 사용하는 실, 임플란트, 약물 전달장치에 사용된다.

+ 녹말 블렌드

녹말을 폴리락트산, 폴리카프로락톤, 폴리비닐알코올 등과 혼합해 만든 생분해성 플라스틱이다.

+ 셀룰로스 플라스틱

셀룰로스를 이용해 만든 플라스틱으로, 열가소성 특성을 지닌 초산 셀룰로스, 니트로셀룰로스 같은 물질을 사용해 만든다.

+ 리그닌 고분자 복합물

생분해성을 지니는 천연고분자로, 나무나 식물에서 얻은 리그닌을 사용해 만든다, 목재 건조물의 약 20~30%가 리그닌 고분자 복합물 이다.

합성 플라스틱류

+ 폴리글리콜산 PGA

글리콜산을 사용해 만들며, 주로 수술에 사용하는 실에 쓰인다.

+ 폴리부틸렌 석시네이트 PBS

음식물과 화장품 등의 포장재와 농업의 작물 덮개 필름, 농약 서방 성 포장 재료, 의약품의 캡슐, 임플란트에 활용된다.

+ 폴리카프로락톤 PCL

임플란트용 생체 재료로 중요하게 쓰이며, 약물 방출 제어 시스템과 수술에 사용하는 실로도 사용된다. PCL은 나일론처럼 질기지만 60℃ 정도의 온도에서는 점토처럼 부드러워지므로 놀이나 취미용 재료로 널리 사용된다.

+ 폴리비닐알코올 PVA

수용성 비닐 고분자로 식품 포장, 종이 코팅, 섬유 코팅 등에 쓰인다.

+ 폴리부틸렌 아디페이트 테레프탈레이트 PBAT

포장재, 봉지 등에 사용될 뿐만 아니라 다른 고분자 재료와 혼합해 사용하기도 한다.

생분해성 플라스틱을 둘러싼 논쟁

플라스틱 폐기물이 토양에 사는 미생물에 의해 이산화탄소, 물, 메탄 등으로 분해될 때 생분해성을 지닌다고 말한다. EU는 6개월 이내에 원래 물질의 90% 이상이 생물학적 과정에 의해 물과 광물질로 분해되어야 생분해성을 지닌다고 정의한다. 그러나 넓은 의미에서는 인공적인 과정을 통해 플라스틱 폐기물을 퇴비로 만드는 퇴비화도 생분해에 포함하기도 한다.

플라스틱은 생분해성 여부에 따라 분류될 수 있고, 어디서 얻었는지 원천에 따라서도 분류될 수 있다. 따라서 이 두 가지 기준을 혼동하지 않는 것이 중요하다. 주의할 점은 바이오 플라스틱 모두가 생분해성을 지니지 않다는 것이다. 박테리아로 제조한 일부 폴리에틸렌 테레프탈 레이트PET는 바이오 플라스틱이지만 생분해성은 지니지 못한다. 천연 고분자라는 표현도 쓰이는데, 이는 단백질, 녹말, 셀룰로스, 천연고무처럼 생물체 내에서 만들어지는 물질들을 의미한다. 꽃게나 새우 껍질에 들어있는 키틴도 천연고분자에 속한다.

만약 플라스틱 폐기물이 모두 생분해된다면 자연과 생태계의 오염이 줄어들 것이다. 그러나 플라스틱 폐기물이 생분해되는 과정에서 발생하는 이산화탄소와 메탄가스는 대표적인 온실가스다. 특히 메탄가스는 온난화 현상에 미치는 영향이 크므로 이를 처리할 방법을 찾아야 한다.

최근에는 플라스틱 폐기물처리 방법으로 열분해를 통해 새로운 원료로 합성하거나 연료 에너지로 활용하는 방법도 중요하게 다뤄진다. 이를 위해서는 플라스틱 종류에 따른 올바른 분리수거가 핵심이다. 플라스틱을 분해하는 새로운 미생물들이 보고되고 있지만, 이를 실용화하기까지는 아직 시간이 많이 필요하다. 따라서 플라스틱 사용을 줄이고 재활용을 실천하며 폐기물처리 방법을 개선하는 일이 중요하다.

자연과 환경을 보존하고 자원을 절약하는 태도는 인류의 지속적 번영을 위해 필수적이다. 현재 자연환경과의 친화성을 고려해 생분해성 플라스틱 생산에 화학공학과 합성생물학적 접근법을 적용한 연구가 활발히 진행 중이다. 박테리아의 유전적 변형을 통해 식물의 생분해성 플라스틱 생산 능력을 높여 실용화하는 일이 앞으로 해결할 주요 과제가 될 것이다.

화학의 거장이 들려주는 진짜! 화학 수업

진정일의 화학 카페

지은이 | 진정일

편집 | 김소연 홍다예 이희진
디자인 | 한송이
마케팅 | 장기봉 이진목 김슬기

인쇄 | 금강인쇄

초판 인쇄 | 2024년 9월 5일
초판 발행 | 2024년 9월 12일

펴낸이 | 이진희
펴낸 곳 | 리스컴

주소 | 서울시 강남구 테헤란로87길 22, 7151호(삼성동, 한국도심공항)
전화번호 | 대표번호 02-540-5192
          편집부 02-544-5194
FAX | 0504-479-4222
등록번호 | 제2-3348

ISBN 979-11-5616-784-6 03430
책값은 뒤표지에 있습니다.

□〕 **페이퍼앤북**은 리스컴의 인문교양 출판 브랜드입니다.